智元微库
OPEN MIND

成长也是一种美好

人生有清晨，人生也是有夜的。

夜晚过去了，就娩出黎明。

忧郁是一只近在咫尺的洋葱，散发着独特而辛辣的味道，
剥开它紧密黏黏的鳞片时，我们会泪流满面。

怎样度过人生的低潮期？

安静地等待。好好睡觉，像一只冬眠的熊。锻炼身体，坚信无论是承受更深的低潮或是迎接高潮，好的体魄都用得着。和知心的朋友谈天，基本上不发牢骚，主要是回忆快乐的时光。多读书，看一些传记。一来增长知识，顺带还可瞧瞧别人倒霉的时候是怎么挺过去的。趁机做家务，把平时忙碌顾不上的活儿都抓紧在此时干完。

相信太阳温暖，人心美好；相信生命是有方向的，未来是可以掌握的，所以我们微笑。不但在顺境中微笑，即使是面对炎凉，我们也能微笑。炎凉是正常生活的一个组成部分，炎凉并不可怕，可怕的是我们忘记了微笑。

只要心是光明的，就不会丧失希望，

就不会垂头丧气，因为人在光在，四下皆明。

# 生命是一万次的春和景明

毕淑敏 著

人民邮电出版社

北京

**图书在版编目（CIP）数据**

生命是一万次的春和景明 / 毕淑敏著 . -- 北京 ：
人民邮电出版社，2024. -- ISBN 978-7-115-65115-0

Ⅰ．B821-49

中国国家版本馆 CIP 数据核字第 2024EV0253 号

◆　　　著　　毕淑敏
　　责任编辑　　张渝涓
　　责任印制　　周昇亮

◆人民邮电出版社出版发行　　　北京市丰台区成寿寺路 11 号
　邮编 100164　　电子邮件 315@ptpress.com.cn

　网址 https://www.ptpress.com.cn

　三河市中晟雅豪印务有限公司印刷

◆开本：787×1092　1/32　　　　　彩插：4
　印张：8　　　　　　　　　　　2024 年 10 月第 1 版
　字数：150 千字　　　　　　　2024 年 10 月河北第 1 次印刷

定　价：59.80 元

**读者服务热线：（010）67630125　印装质量热线：（010）81055316**
**反盗版热线：（010）81055315**

广告经营许可证：京东市监广登字 20170147号

# 生活中要有暖和光

我们的生命降生之处，是在暖和的母亲身体中。

小到微茫的胚芽就在这温暖的宫殿中，竭尽所能地吸收养分，渐渐膨胀起来。可以说，我们所有的身体机能，从诞生的那一分钟起，就天然适合并不懈地依赖温暖。当我们脱离母体之后，也一直殚精竭虑地试图维持身体的这种温暖，可以说一生都在为这种温暖而不懈奋斗，直到死亡降临的那一天，我们才像停驶了的发动机，慢慢清凉下来，直到与空气和大地的温度融为一体。所以，生命和温暖息息相关。

我们的体温基本上是 37℃，说起来不算多么高的台阶，但除了热带，它比我们所处的绝大部分的大自然环境，都要略高一些。这也要拜进化之功，因为在恒温动物出现之前，动物的体温是随着环境的变化而变化的，十分不稳定。

我到过距离最近的陆地是有 1000 公里之遥的一个小岛，就是达尔文发现进化论奥妙的南美洲加拉帕戈斯群岛，我在那里看到一种奇形怪状的动物——海鬣蜥。它们简直就是远古恐龙的缩小版，虽然极端温顺，对人完全没有攻击性，但目睹它们成群结队地趴在黝黑的火山岩上晒太阳，还是有不寒而栗的恐惧感。

当地导游说，海鬣蜥曾经被评为世界上最丑陋的动物。

我说，它为什么长得这样变态呢？

导游说，因为它和我们不属于同一个纪，它们来自遥远的白垩纪。

我说，生命力可真够强大的，恐龙都死了，它们还活着。导游长叹了一口气说，海鬣蜥其实很可怜的，它们时时都可能由于温度而死亡。有的时候，我们甚至会说海鬣蜥是会自杀的动物。

我问，此话怎讲？

导游说，海鬣蜥没有办法保持自己的体温，它们是变温动物。

也就是说，它们的体温会随着周围温度的不同而变化。它们要潜入加拉帕戈斯冰冷的洋流中去寻找自己的口粮——黑海藻，每次在海中最长时间不能超过 10 分钟。如果过了这个时间界限，它们的体温就会随着海水温度不断下降，直到危险的境地。这时候海鬣蜥必须迅速放弃马上到口的食物，赶回到岸上，趴到礁石上晒太阳，靠着阳光暴晒，有时需要长达几小时，海鬣蜥才能慢慢暖和起来。如果它在觅食的过程中下潜太深，来不及回到岛礁上，就会在深海中冻僵，再也回不到太阳之下。所以，海鬣蜥是十分脆弱的生灵，它的天敌会掌握海鬣蜥的弱点，耐心地等在岸上准备伺机大餐一顿。而疲惫不堪、慌不择路的海鬣蜥在上浮的过程中，即使透过海水看到了敌人正等候着自己送上门去，也只能乖乖露出水面，成为天敌的口中食。

我说，海鬣蜥就不能再在水里潜伏一会儿吗？

导游说，海鬣蜥没有办法保持自己的体温，它们必须找到温暖。不然的话，就是百分之百的死亡。

哦，温暖，就是这样与生命息息相关。与其被活活冻死，还不如碰碰运气。

生活中的温暖不仅仅是身体的温暖，还要有精神的温暖。我们需要相濡以沫的温暖，需要集体亲如手足的温暖，需要大地和太阳的温暖……但请记住，作为恒温动物，保持身体温暖的最直接动力，来自我们的内在。

在寒冷中，我们要积极努力地不停运动，靠着自身肌肉的活跃，创造出来自本体的热量。我们不能像海鬣蜥一样，不能没有了外界的输入，就只能坐以待毙。生命的能量来源要向内寻找，温暖必须靠自己主动创造。

再说说光吧。我坚信，那些在亿万光年之外兀自发着光的星球，来自宇宙的大爆炸。我们每个人也都是一个小宇宙，我们的光也来自我们自身。

心里有光，世界就是明亮的。否则即使站在太阳之下，你心中也是幽闭和冰冷的。

有的人以为有光就是没有一丝黑暗，到处都明晃晃地耀人眼目。

不！绝不是这样的，心里的光是对事物有明晰清澈的判断，对自己的目标有庄严的把握，对世界的善恶有恰如其分的辨析，对人间的苦楚既不夸大也不掩饰，充满从容应对的勇气……只要心是光明的，就不会丧失希望，就不会垂头丧气，因为人在光在，四下皆明。

# 目 录

# 甄选你的心事

# 心是一把铁勺

把废豆子驱逐出铁勺，心就宽敞了……

记得我小时候第一次学到"心"这个字的时候，老师说，"心"是一把铁勺子，正在炒豆。豆子会蹦啊，最后两颗豆子掉在了勺外，只有一颗幸运豆留在了勺里。

人们常说人的心比海洋比天空还要博大，窃以为这是指宏伟幽深的冥想时刻，并非随时随地的状态。在万千平常的日子里，人心就是一把锈迹斑斑的铁勺。因为有锈，所以要常常擦拭。我们的心会被各种含酸带碱的风雨浸淫，会被蚀出缝隙和生长锈斑。天气晴朗时，在阳光下晒晒心情，锈就会悄然遁去。美丽的大自然和相知的朋友，就是紫外线了。

每个人只有一把铁勺，却要遇到很多豆子。我们要仔细地甄别放入勺子里的物件的数量。空无一物的勺子令人伤感，不堪重负被挤爆的勺子也是悲剧。

如果有一些我们不喜欢的豆子进入勺子，那可怎么办呢？有一个好法子，就是炒。

炒我们的心事，把它们加热，把它们晾晒。在这个过程中，翻来覆去地斟酌，你是保存勺子还是姑息豆子？为了勺子的安宁，你要立决。结果就是只留下那些最重要的豆子，而把其他豆子扬出我们的视线。

这个过程其实充满艰难和痛苦。每一颗豆子都不是无缘无故进入铁勺的，它们必和情感与理智有着千丝万缕的枝蔓。甚至那些我们十分嫌恶的瘪豆子，被虫蛀过的病豆子，也在长久的摩挲和掂量中，融入了我们的体温，让我们产生了割舍不下的惯性和依恋。然而，还是要放下，此刻需要的不仅是聪明，还有一往无前的勇敢。

把废豆子驱逐出铁勺，心就宽敞了，铁勺就恢复了洁净与轻盈。新的豆子仿佛新的客人，姗姗来临。

对于你的心事，你可不要忘了甄选和款待。

# 柱子的弹性

---

这是一根有弹性的柱子。它的设计者把自己的性格赋予了它，于是柱子比设计师活得更长久。

有一个故事，说的是一根柱子，一根 300 年前的柱子。那根柱子很坚固，支撑着一座宏伟的大厅。那座大厅很大，大到修建的时候，没有人相信一根柱子就能支撑起沉重的穹顶。年轻的设计师用了种种科学公式，来证实他的这根柱子是何等的牢靠和坚固，足够应用。但是，人们虽然不能反对他的公式，却可以反对由他来担当这座市政大厅的总设计师。

年轻的设计师面临着一个选择。如果他坚持他的设计，那么，他的设计就永远停留在纸上了。如果他变更他的设计，那么人们就看不到这根独撑穹顶的柱子了。设计师沉吟再三，修改了他的图纸，又添加了四根柱子。人们对这个更加稳妥的设计拍手叫好，据此建起了壮丽的大厦。

很多年过去了，年轻的设计师变成了墓碑，大地震袭击了城市，很多建筑都倒塌了，唯有具有五根柱子的市政大厅依然巍峨耸立。人们说，幸亏有五根柱子啊！

终于到了维修的时刻。人们惊讶地发现，除了最早设计的那根独撑穹顶的柱子，其余的四根柱子，距离穹顶都有一个窄窄的间隙。也就是说，它们并不承接穹顶的重量，只是美丽的摆设。

于是人们惊叹这匪夷所思的设计，给予设计者以排山倒海的赞美。回答他们的只是墓草的摇曳。

设计师没有收获生前的称誉，但他收获了一根柱子。设计师是可以怒发冲冠一走了之的，但为了他的柱子的诞生，他妥协和避让了。设计师是可以在事成之后即刻公布他的计谋的，但为了他的柱子无可辩驳的质地，他保持了缄默。设计师是可以在一份遗嘱或一部著作中表达他的先见和果敢的，但为了他的柱子的荣誉，他不再贪恋丝毫的浮华。设计师为了他的柱子，隐没在历史的尘埃之中。

这是一根有弹性的柱子。它的设计者把自己的性格赋予了它，于是柱子比设计师活得更长久。

# 莺鸟与铁星

在丰衣足食的时候，一切都被温柔地遮盖了，但月亮并不总是圆的，事物的规律跌宕起伏。

在南太平洋的岛屿中，飞翔着一种鸣叫动听的美丽小鸟，叫作莺鸟。它们长着形色各异的喙，在岛屿上物产丰富的日子，莺鸟们靠吃多种草籽为生，活得悠哉。

但是饥馑来了。干旱袭击了岛屿，整个大地好像是刚刚凝固的炽热火山，赤红的土地，看不到一丝绿色。科学家找到从前研究过的莺鸟，它们的腿上拴着铁环，观测结果，发现莺鸟们的体重大减，挣扎在死亡线上。

原因是食物奇缺，能吃的都吃光了，唯一剩下的是一种叫"蒺藜"的草籽，它浑身是锋利的硬刺，锐不可当，在深深的内核里隐藏着种仁，好像美味的巧克力被封死在铁匣中。蒺藜还有一个名字叫"铁星"，象征着难以攻克。拉丁文的意思是"挤压和疼痛"。

莺鸟用自己柔弱的喙，啄开一粒铁星，先要把它顶在地上，又咬又扭，然后顶住岩石，上喙发力，下喙挤压，直到精疲力竭才能把铁星的外壳扭掉，吃到得以活命的种仁。

岛上开始了残酷的生存之战。没有刀光剑影，唯一的声音就是嗑碎铁星的噼啪声。很多莺鸟饿死了，有些顽强地生存下来。科学家想，生和死的区别在哪里呢？

经过详尽的研究，发现喙长 11 毫米的莺鸟，就能够嗑开铁星，而喙长 10.5 毫米的莺鸟，就望"星"兴叹，无论如何也叩不开戒备森严的生命之门。

0.5 毫米之差，就决定了莺鸟的生死存亡。在丰衣足食的时候，一切都被温柔地遮盖了，但月亮并不总是圆的，事物的规律跌宕起伏。

我猜想，那些饿死的莺鸟在最后时分，倘能思索，一定万分懊恼自己为什么没能生就一枚长长的利喙！短喙的莺鸟，是天生的，它们遭到了大自然无情的淘汰。但人类的喙——我们思维的强度，历练的经验，广博的智慧，强健的体魄，合作的风采，幽默的神韵——却可以在日复一日的积累中，渐渐地磨炼增长，成为我们度过困厄的利器。

# 失去四肢的泳者

很多英雄，在战胜了常人难以想象的艰难困苦后并没有得到最后的成功。

一位外国女孩给我讲了这样一个故事。

举办残障人运动会，报名的时候，来了一位失却双腿的人，说要参加游泳比赛。登记小姐很小心地询问，您在水里将怎样游呢？失却双腿的人说，我会用双手游泳。

又来了一个失却双臂的人，也要报名参加游泳比赛。小姐问，您将如何游呢？失却双臂的人说，我会用双脚游泳。

小姐刚给他们登记完，又来了一个既没有双腿也没有双臂，也就是说，整个失却四肢的人，也要报名参加游泳比赛。小姐竭力保持镇静，小声问，您将怎样游泳？那人笑嘻嘻地答道：我将用耳朵游泳。

他失却四肢的躯体好似圆滚滚的梭。由于长久的努力，他的耳朵硕大而强健，能十分灵活地扑动向前。下水试游，如同一枚鱼雷出舱，速度比常人还快。于是，知道底细的人们暗暗传说，一个伟大的世界纪录即将诞生。

正式比赛那天，人山人海。当失却四肢的人出现在跳台上的时候，简直山呼海啸。发令枪响了，运动员扑通扑通入水。一道道白箭推进，浪花进溅，竟令人一时看不清英雄的所在。比赛的结果出来了，冠军是失却双臂的人，亚军是失却双腿的人，季军是……

英雄呢？没有人看到英雄在哪里，起码是在终点线的附近找不着英雄独特的身姿。真奇怪，大家分明看到失却四肢的游泳者跳进水里了啊！

于是更多的人开始寻找，终于在起点附近摸到了英雄。他沉入水底，已经淹死了。在他的头上，戴着一顶鲜艳的游泳帽，遮住了耳朵。那是根据泳场规则，在比赛前由一位美丽的姑娘给他戴上的。

我曾把这故事讲给旁人听。听完之后的反应，形形色色。

有人说，那是一个阴谋。可能是哪个想夺冠军的人出的损招，扼杀别人才能保住自己。

有人说，那个来送泳帽的人，如果不是一个美丽的姑娘就好了，泳者就不会神魂颠倒。就算全世界的人都忘记了他的耳朵的功能，他也会保持清醒，拒绝戴那顶美丽却杀人的帽子。

有人说，既然没了手和脚，就该安守本分，游什么泳呢？

要知道水火无情，孤注一掷的时候，风险随时会将你吞没。

我把这些议论告诉女孩。她说，干吗都是负面的？这是一个笑话啊，虽然有一点儿深沉。当我们完整的时候，奋斗比较容易。当我们没有手的时候，我们可以用脚奋斗。当我们没有脚的时候，我们可以用手奋斗。当我们手和脚都没有的时候，我们可以用耳朵奋斗。

但是，即使在这时，我们依然有失败甚至完全毁灭的可能。很多英雄，在战胜了常人难以想象的艰难困苦后并没有得到最后的成功。

凶手正是自己的耳朵——你最值得骄傲的本领。

# 疲倦

在身体疲倦的背后，是精神率先疲倦了。

疲倦是现代人越来越常见的一种生存状态，在我们的周围，随便看一眼吧，有多少垂头丧气的儿童，萎靡不振的青年，疲惫已极的中年，落落寡欢的老年……人们广泛而漠然地疲倦了。很多人已见怪不怪，以为疲倦是正常的。

有一次，我把一条旧呢裤送到街上的洗染店。师傅看了后说，我会尽力洗熨的。但是，你的裤子，这一回穿得太久了，恐怕膝盖前面的鼓包是没法熨平了。它疲倦了。

我吃惊地说，裤子——它居然也会疲倦？

师傅说，是啊。不但呢子会疲倦，羊绒衫也会疲倦，所以，穿过几天之后，你要脱下晾晾它，让它有一个喘气的机会。皮鞋也会疲倦，你要几双倒换着上脚，这样才可延长皮鞋的寿命……

我半信半疑，心想，莫不是这老师傅太热爱他所从事的工作了，所以才这般体恤手中无生命的衣料。

又一次，我在一家先进的工厂，看到一种特别的合金，能折弯很多次，韧度不减。我说，真是天下无双了。总工程师摇摇头道，它有一个强大的对手。

我好奇地发问，谁？

总工程师说：就是它自己的疲劳。

我讶然，金属也会疲劳啊？

总工程师说，是啊。这种内伤，除了预防，无药可医。如果不在它的疲劳限度之前让它休息，那么，它会突然断裂，引发灾难。

那一瞬，我知道了疲倦的厉害。铁打钢铸的金属尚且如此，遑论肉胎凡身！

疲倦发生的时候，如同一种会流淌的暗流，在皮肤表面漫延，使人整个地困顿和蜷缩起来。如果不加以克服和调整，这种黏滞的不适，就会如寒露一般，侵袭到我们身体的底层。到那个悲惨的时候，我们就不再将这种令人不安的情况称为"疲倦"，我们会径直地说——我病了——我垮了。

疲倦首先是从眼睛开始的。在通常需要集中注意力的时刻，我们无奈地垂下睫毛。我们以自己的充满了血液的眼帘，充当了厚重的幕布，隔绝光线和信息无休止地介入。我们就地取材地为自己制造了一场人工的黑暗。

在那些老生常谈的会议上，在那些议而不决的争执中，在那些絮絮叨叨的繁杂中，在那些痛苦焦灼的等待中……五花八门的无聊冲击，让我们的瞳孔首当其冲地磨损了。它无法明亮清晰地观察这个世界，便怯懦地后退了，选择了躲闪和逃避。

疲倦然后漫延到我们的表情。疲倦的人，通常是无精打采的。在呆滞的目光之下，是苍白或潮红的面庞。疲倦使血的流速异常地减慢或加快，失却了内部的平衡与稳定。在应该急速反应的时候，疲倦的人延宕迟疑。在应该稳健沉着的时候，疲倦的人如同受惊的公鸡一般病态亢奋。殊不知这种竭泽而渔的抖擞，更加快了疲倦的发展。

疲倦的人，很难听到别人的声音。因为，声音是一种锐利的刺激。你丧失快速反应的同时，为了遮盖你的乏力，索性封闭了传达的通道。常常听到有人说，对不起，我把某某事忘记了。别人不解，奇怪他记忆力为何如此之差。其实结论可能很简单——他疲倦了。疲倦的时候，我们的耳朵就不由自主地关拢闸门。不要埋怨他们的听觉，猜疑他们的品质，负罪的该是疲倦。

疲倦的人，通常少言寡语。发表意见，是为了阐发观点，影响他人。此种特别的愉悦，来自为了让世界注意你的存在。你丧失了对外界的关注，也就主动取消了自己的发言权。当你不再聆听的同时，你也不再说话。喉舌是听命于大脑的。大脑钝了，大脑枯竭了，大脑空白了，我们必无话可说。

当疲倦在全身泛滥的时候，我们是徒有虚名的人了。我们了无热情，心灰意懒。我们不再关注春天何时萌动，秋天何时飘零。我们迷茫地看着孩子的微笑，不知道他们为何快乐。我们不爱惜自己了，觉察不到自己的珍贵。我们不热爱他人了，因为他人是使我们厌烦的源头。我们麻木困惑，每天的太阳都是旧的。

阳光已不再播洒温暖，只是射出逼人的光线。我们得过且过地敷衍着工作，因为它已不是创造性思维的动力。

疲倦是一种淡淡的腐蚀剂，当它无色无臭地积聚着，潜移默化地浸泡着我们的时候，意志的酥软就发生了。

在身体疲倦的背后，是精神率先疲倦了。我们丧失了好奇心，不再如饥似渴地求知，生活纳入灰色的模式。甚至婚姻也会疲倦。它刻板地重复着，没有新意，没有发展。婚姻的弹性老化了，像一只很久没有充气的球，表皮皲裂，塌陷着，摔到地上，噗噗地发出充满怨恨的声音，却再不会轻盈地跳起，奔跑着向前。

疲倦到了极点的时候，人会完全感觉不到生命和生活的乐趣，所有的感官都在感受苦难，于是它们就保护性地不约而同地封闭了。我们便被闭锁在一个狭小的茧里，呼吸窘迫，四肢蜷曲，渐渐逼近窒息了。

疲倦的可怕，还在于它的传染性。一个人疲倦了，他就变成一炷迷香，在人群中持久地散布着疲倦的细微颗粒。他低落地徘徊着，拖带着整体的步伐。当我们的周围生活着一个疲倦的人，就像有一个饿着肚子的人，无声地要求着我们把自己精神的谷粒，拨一些到他的空碗中。不过，如果我们这样做了，会发觉不但没有使他振作起来，自身也莫名其妙地削弱了。

身体的疲倦，转而加剧着精神的苦闷。

变更太频繁了，信息太繁杂了，刺激太猛烈了，扰动太浩大了，强度太大，频率太高……即使是喜悦和财富，如果没有清醒的节制，铺天盖地而来，也会使我们在震惊之后深刻地疲倦。

当疲倦发生的时候，我们怎么办呢?

当无计可施的时候，看看大自然吧。春天的花开得疲倦的时候，它们就悄然地撤离枝头，放弃了美丽，留下了小小的果实。当风疲倦的时候，它就停止了涤荡，让大地恢复平静。当海浪疲倦的时候，海面就丝绸般地安宁了。当天空疲倦的时候，它就用月亮替换太阳……

人们应对疲倦的办法，没有自然界高明。不信，你看。当道路疲倦的时候，就塞车。当办公室疲倦的时候，就推诿和没有效率。当组织者疲倦的时候，就出现混乱和不公。当社会出现疲倦的时候，就冷漠和麻木……

消除疲倦对我们的伤害，需要平心静气地休养生息。让目光重新敏锐，让步伐恢复轻捷，让天性生长快乐，让手足温暖有力。耳朵能够捕捉到蜻蜓的呼吸，发梢能够感受到阳光的抚摸，微笑能如鲜橙般耀眼……

疲倦是可以战胜的，法宝就是珍爱我们自己。疲倦是可以化险为夷的，战术就是宁静致远。疲倦考验着我们，折磨着我们。疲倦也锤炼着我们，升华着我们。

# 节令是一种命令

人生也是有节气的啊！春天就做春天的事情，去播种。秋天就做秋天的事情，去收获。夏天游水，冬天堆雪。

夏初，买菜。老人对我说，买我的吧。看他的菜摊，好似堆积着银粉色的乒乓球，西红柿摞成金字塔样。拿起一个，柿蒂部羽毛状的绿色，很翠硬地硌着我的手。我说，这么小啊，还青，还没有冬天时我吃的西红柿好呢。

老人明显地不悦了，说，冬天的西红柿算什么西红柿呢？吃它们哪里是吃菜？分明是吃药啊。

我很惊奇，说怎么是药呢？它们又大又红，灯笼一般美丽啊。

老人说，那是温室里煨出来的，先用炉火烤，再用药熏。让它们变得不合规矩地胖大，用保青剂或是保红剂，让它比画的还好看。人里面有奸细，西红柿里头也有奸细呢。冬天的西红柿就是这种假货。

那吃什么菜好呢？我虚心讨教。

老人的生意很清淡，乐得教诲我。口中吐钉一般说道——记着，永远吃正当节令的菜。萝卜下来就吃萝卜，白菜下来就吃白菜。节令节令，节气就是令啊！夏至那天，白天一定最长。冬至那天，白天一定最短。你能不信吗？不信不行。你是冬眠的狗熊，到了惊蛰，一定会醒来。你是一条长虫，冷了就得冻僵，会变得像拐棍一样打不了弯。人不能心贪，你用了种种的计策，在冬天里，抢先吃了只有夏天才长的菜，夏天到了，怎么办呢？再吃冬天的菜吗？颠了个儿，你费尽心机，不是整个瞎忙活吗？别心急，慢慢等着吧，一年四季的菜，你都能吃到。更不要说，只有野地里，叫风吹绿的菜叶，太阳晒红的果子，才是最有味道的。

我买了老人家的西红柿，慢慢地向家中走。他的西红柿虽是露天长的，质量还有推敲的必要。但他的话，浸着一种晚风的清凉，久久伴着我。阳光斜照在网兜上，那略带柔软的银粉色，被勒割出精致的纹路，好像一幅生长的印谱。

人生也是有节气的啊！

春天就做春天的事情，去播种。秋天就做秋天的事情，去收获。夏天游水，冬天堆雪。快乐的时候笑，悲痛的时分洒泪。

少年须率真。过于老成，好比施用了催熟剂的植物，早早定了型，抢先上市，或许能卖个好价钱，但植株不会高大，叶片不会密匝，从根本上说，该归入早夭的一列。老年太轻狂，好似理智的幼稚症，让人疑心脑幕的某一部分让岁月的虫蛀了，连缀不起精彩的长卷，包裹不住漫长的人生。

时尚圈有句俗话——您看起来比实际的岁数年轻，听的人把它当作一句恭维或是赞美，说的人把它当作万灵的廉价礼物。

比实际的年龄年轻，就分明是好的、美的、值得庆贺的吗？

小的人希冀长大，老的人祈望年轻。这种希望变更的子午线，究竟坐落在哪一圈生日的年轮？与其费尽心机地寻找秘诀，不如退而结网，锻造出心灵与年龄同步的舞蹈。

老是走向死亡的阶梯，但年轻也是临终一跃前长长的助跑。五十步笑百步，不必有过多的惆怅或优越。年轻年老都是生命的流程，不必厚此薄彼，显出对某道工序的青睐或鄙弃，那是对自然的大不敬，是一种浅薄而愚蠢的势利。人们可以濡养肌体的青春，但不要忘记心灵的疲倦。

死亡是生命最后的成长过程，有如银粉色的西红柿被摘下以后，在夕阳中渐渐地蔓延成浓烈的红色。此刻你只有相信，每一颗西红柿里都预设了一个机关，坚定不移地服从节气的指挥。

# 心境防割

你想葆有你对世界的好奇和快乐吗？你必须除去心的伪装，敞开你的心扉。

　　旅游的时候认识了一对夫妻，职业是制作防割手套。我问，这手套坚硬到何种程度呢？他们笑而不答，说，回到北京后，你到我们那里参观一下就知道了。

　　第一眼见到防割手套，平凡到令人垂头丧气，和普通车工、钳工戴的白线手套没有任何区别，如果一定要找到不同，就是价钱要贵出很多。也许看出了我的不屑，男主人抽出一把寒光四射的匕首握在手中说，你戴上手套，然后，来夺我的刀。细端详，那刀尺把长，尖端像西班牙人的鞋子弯弯翘起，开了刃，血槽深深。我胆战心惊道，这刀可以杀死一只恐龙了，不敢。他又说，那么我戴上手套，请你来割我吧。我说，那干脆就滑到了犯罪边缘，本人奉公守法，恕我也不能从命。他无奈，只有亲戴手套，自己来割自己了。

戴上防割手套的左手有些臃肿，右手执刀杀气腾腾。晶光闪烁的长刀劈下的那一瞬，我骇得紧闭了眼睛。等到哆哆嗦嗦打开眼帘，以为看到的是皮开肉绽、血花翻飞，不想雪白的左手套上只有一道淡淡的痕迹。主人优雅地舒了几下掌，如同少妇的额头被抹上了速效去皱霜，痕迹很快就平复了。

大觉神奇，不由得一试。戴上手套，用刀锋在指掌上反复切割，先轻后狠。那真是一种奇妙的感受，你能感觉到薄刃的锋芒和杀伐的重量，然而它如溪水掠过，毫发无伤。主人告诉我，看似普通的棉纱里掺进了五百根高弹钢丝。临走的时候，主人送我一副防割手套，笑道，从此你可空手夺刃了。

感叹于防割手套的神奇，不由得想到，倘加上十倍百倍之量，用千万根钢丝织就一件背心，披挂在身便心硬如铁了，再没有什么情感的剑戟能刺出血洞，再没有什么理智的矛斧能劈裂成沟壑。享有一颗风雨无摧、刀枪不入的心，岂不万般惬意！

有一段时间，我出门时书包里常带着防割手套，期望着碰上一个行凶的歹徒，冲上去见义勇为又能保全须全尾。然世事虽纷杂，运气却太平，梦想竟无法成真。坚固的防割手套渐渐蒙尘，如同骁勇的大将空白了少年头。终有一天，我在乡下干活的时候，想到委它以新任。花圃中月季正香艳，这是最渴望修剪的花卉。此花盛开之后如不从瓣下第三分叉处刈除，就会花渐小，香渐远，魅力大失。只是那些月季的锐刺尽忠职守，如同美女的贴身保镖虎视眈眈。我手笨，每一回都被扎得十指痛痒。

连刀剑都能阻挡，还怕小小的花刺吗？我戴上防割手套，所向披靡地抓起了月季花茎。顿时，双手像被蜂群包围，数不清的小刺同时扎入肌肤。慌乱摘下手套查看，七八处鲜血淋漓，实为我充任业余园丁以来受伤最惨痛的一次。

原来，这特制的手套能够防止长刀短剑的切割，却并不能阻止细小毛刺的搠入。钢丝绞结的缝隙是小针出入自由的高速路。

那天，我贴着大约十张创可贴完成了剪枝工作，一边挥舞园艺剪一边想，悲哀啊，看来十万根钢丝也无法保证我们的心境不受损毁。更不消说，人是不能每时每刻都裹在钢丝里面的，那样我们将丧失对人间百态的灵敏触碰和对风花雪月赏心悦目的赞叹。

你想葆有你对世界的好奇和快乐吗？你必须除去心的伪装，敞开你的心扉。心必将一生裸露着，狂风为她梳洗，暴雨为她沐浴。心没有蓑衣，也没有斗笠。心会受伤，心也会流血，这就是心的功能啊。

把心藏在铁甲中，且不说铁甲也是有缝隙的，就算心境防当，心再也不能活泛地游弋，那才是心最大的哀伤呢。

关于这种悲惨的境况，古语中有一个恰如其分的词，叫作"心死"。

　　一个心理健康的人，心可以流血，自己能撕下衣襟止血；心可以撕裂，自己能够飞针走线地缝合。他可以有累累的创伤，更会有创伤愈合之后如勋章般的痕迹。

# 学会欣赏心灵的成长

只要你学会了欣赏心灵的成长，你就会看到它电光石火般的进化。这是人生最神奇的体验之一。

过去影响了现在，现在必将影响将来。只要你一息尚存，一切都还不算晚。只要你想改变，变化就会发生。只不过随着年龄的增长，变化的范围就比较狭小了。但狭小不等于消失，永远不会有一个不能突破的界限。你可以奔突而去，决定权在你自己手中。

很喜欢一句话——死亡是成长的最后阶段。我们一生都需要成长，直到死亡。骨骼的成长，在二十几岁就已经完成了，从那以后，我们不再长高。但是，骨骼细胞还在不断地更新，每一天都是新的。你如不信，想想骨折之后，新鲜的断裂是如何卓有成效地愈合的，你就会明白，即使是看起来了无生气的骨头，也在日新月异地变化着。至于头发指甲这类外显的小零件，你更是可以清楚地看到它们是如何不知疲倦地生长着的。

心灵呢？也一样啊，甚至成长得更快。你可以从一件事的反思上，更改几十年以来的一个错误观念。你可以在片刻的感悟中，习得一个伟大的真理。你可以从某人的一言一行中，体察到他被你忽略的丰富。你也可以一下子就识破迷幻自己半生的谎言，从此洞若观火……

只要你学会了欣赏心灵的成长，你就会看到它电光石火般的进化。这是人生最神奇的体验之一。

# 心轻者上天堂

# 我对生命悲观，但不厌倦生活

如果你珍惜生命，就不必因为小的苦恼而厌倦生活。因为泥沙俱下并不完美的生活，正是组成宝贵生命的原材料。

- 对生活，你有没有产生过厌倦的情绪？
- 对自己的才能，有没有过怀疑或绝望？
- 你是怎样度过人生的低潮期的？

**第一个问题：对生活，你有没有产生过厌倦的情绪？**

说心里话，我是一个从本质上对生命持悲观态度的人，但对生活，基本上没产生过厌倦情绪。这好像是矛盾的两极，骨子里其实相通。也许因为青年时期，在对世界的感知还混混沌沌的时候，我就毫无准备地抵达了海拔5000米的藏北高原。猝不及防中，灵魂经历了大的恐惧，大的悲哀。平定之后，也就有了对一般厌倦的定力。面对穷凶极恶的高寒缺氧，无穷无尽的冰川雪岭，你无法挣脱人是多么渺小、生命是多么孤单这副铁枷。你有一千种可能性会死，比如遇到雪崩，比如坠崖，比如高原肺水肿，比如急性心力衰竭，比如战死疆场，比如车祸枪伤……但你却在苦难的夹缝当中，仍然完整地活着。而且，只要你不打算立即结束自己就得继续活下去。愁云惨淡畏畏缩缩的是活，昂扬快乐兴致勃勃的也是活。我盘算了一下，权衡利弊，觉得还是取后一种活法比较适宜。不但自我感觉稍愉快，而且让他人（起码是父母）也较为安宁。就像得过了剧烈的水痘，对类似的疾病就有了抗体，从那以后，一般的颓丧就无法击倒我了。我明白，日常生活的核心，其实是如何善待每人仅此一次的生命。如果你珍惜生命，就不必因为小的苦恼而厌倦生活。因为泥沙俱下并不完美的生活，正是组成宝贵生命的原材料。

**第二个问题：对自己的才能，有没有过怀疑或绝望？**

我是一个"泛才能论"者，即认为每个人都必有自己独特的才能，赞成李白所说的"天生我材必有用"。只是这才能到底是什么，没人事先向我们交底，大家都蒙在鼓里。本人不一定清楚，家人朋友也未必明晰，全靠仔细寻找加上运气。有的人可能一下子就找到了；有的人费时一生一世；还有的人，干脆终生在暗中摸索，不得所终。飞速发展的现代科技，为我们提供了越来越多施展才能的领域。例如音乐、写作……都是比较传统的项目，电脑、基因工程……则是近若干年才开发出来的新领域。有时想，擅长操作计算机的才能，以前必定悄悄存在着，但世上没这物件时，具有此类本领潜质的人，只好委屈地干着别的行当。他若是去学画画，技巧不一定高，就痛苦万分，觉得自己不成才。所以，寻找才能是一项相当艰巨重大的工程，切莫等闲。

人们通常把爱好当作才能，一般说来，两相符合的概率很高，但并非完全对等。爱好这东西，有的时候很能迷惑人。一门心思凭它引路，也会害人不浅。有时你爱的恰好是你所不具备的东西，就像病人热爱健康，矮个儿渴望长高一样。因为不具备，所以就更爱得痴迷，九死不悔。我判断，人对自己的才能产生深度的怀疑以至绝望，多半产生于这种"爱好不当"的旋涡。因此，在大的怀疑和绝望之前，不妨先静下心来，冷静客观地分析一下，考察一下自己的才能，真正投影于何方。评估关头，最好先安稳地睡一觉，半夜时分醒来，万籁俱寂时，摈弃世俗和金钱的阴影，纯粹从人的天性出发，充满快乐地想一想。

为什么一定要强调充满快乐地去想呢？我以为，真正令才能充分发育的土壤，应该同时是我们分泌快乐的源泉。

**第三个问题：你是怎样度过人生的低潮期的？**

安静地等待。好好睡觉，像一只冬眠的熊。锻炼身体，坚信无论是承受更深的低潮或是迎接高潮，好的体魄都用得着。和知心的朋友谈天，基本上不发牢骚，主要是回忆快乐的时光。多读书，看一些传记。一来增长知识，顺带还可瞧瞧别人倒霉的时候是怎么挺过去的。趁机做家务，把平时忙碌顾不上的活儿都抓紧在此时干完。

# 最后的法宝

当我年轻的时候，很多次想过自杀，甚至觉得这是一个最后的法宝。因为有了这样一个万无一失的法宝，反倒不再害怕生活的残酷。

我相信，很多人都想过自杀，比如我自己。我并不觉得这很奇怪，人人生命中都可能有这样一刻，我们在考虑现在的生活还值不值得过下去。它出现的频率比设想的要高得多。很多人经常在考虑，第二天早上我还要不要起床？要不要面对如此繁杂的世界，延续如此恶劣的情绪？

有一阵子，电视台、广播电台采访我的时候，总是问我：听说您年轻的时候，在西藏，曾经想到过自杀？

我说，是啊。非常认真地想过。

主持人说，可以详细地讲讲吗？

我说，这次就不说了吧？我已经在别的节目里说过了。

主持人坚持说，这一段非常重要。连您这样的人都想过自杀，可见这样想的人太多了。可是大家一般都不愿意说。

我只好又说一遍。

台底下，主持人私下对我说，自己也曾想过自杀，只是没有勇气告诉别人。

我觉得连一次自杀都没想过的人，肯定凤毛麟角。自杀其实就是一种极度的退避和逃跑。因为无处可逃了，最后干脆把生命也彻底抛离。

当我年轻的时候，很多次想过自杀，甚至觉得这是一个最后的法宝。因为有了这样一个万无一失的法宝，反倒不再害怕生活的残酷。我现在很少想到自杀了，因为我越来越感到生命是如此的宝贵，我要好好地度过。即使是悲惨和疼痛，也证明生命依然灵敏地感知着、活跃着。

我接触过很多想自杀的人。其中有的人以一种"救世"的期待，来毁灭自己的生命。怀抱着荒诞的希望，以为通过放弃自己的生命和幸福，就可以保障和挽救其他人，尝试以自己的灾难和毁灭给别人带来平安。这无疑是非常不现实的。

自杀的人，诚然是可怜的。但究其目的，除了戕害自己，还殃及很多人，是希望以自己的死，来惩戒他人，来挽救某种事态的颓势。我们自然不能对死者苛求更多，但这种死亡达不到目的，却是显而易见的。如果你确实无法忍受生的艰难，你要选择死亡，这是你的自由。但你企图以你自己的死，来达到某种目的，就是临死还生活在迷幻之中。

　　你要想达到某种目的，只有靠自己的奋斗。想用自己的死，启发别人来为你的理想而努力，是偷懒和愚蠢的一厢情愿。不要把自己都无力面对的现实，黏附在他人身上，那是彻头彻尾的执迷不悟。

# 绝望之后的曙光

人在最艰苦的时候，常常会产生绝望，以为自己就此倒下，一了百了。但只要不懈地坚持，其实也没有什么大不了的，曙光会重新出现。

1969年4月，我们五个女兵被分配到西藏阿里军分区，分区是1968年成立的，所以说我们是阿里军分区的第一批女兵。我是1952年10月出生的，当时是16岁半。

过"五一"了，说有一辆大轿子车和一辆大解放车结伴上山，让我们5月2日9点到大门口集合。当我们按照预定时间准备上车的时候，才发现探家回来的干部战士早就上了车，黑压压地把大轿子车的位子都坐满了。那时候的军人多半来自乡下，没有照顾女士的概念，况且他们原也不知道会有女兵上山，就满车寂然，一言不发地盯着我们看。我是班长，看看车子最后一排还能挤进两个人，就叹了一口气说，三个人上解放车大厢板，两个人留在这辆车上。等明天咱们再内部调换一下，自己把苦乐匀匀吧。

从喀什到狮泉河，那时要走六天。六天当中，没有哪位男性军人愿意把他们的座位让给这些年轻的女孩子们，我们就自己互相帮助。道路极其颠簸，在一次最剧烈的晃动中，一位女兵的头把大轿子车的车顶撞碎了一个洞。那位女兵姓孙，疼得抽噎起来，满车的男性军人们一阵哄笑，说，你是孙猴子，有一个铁打铜铸的脑壳，把车都毁了。

六天的路程，山高水远。我坐在解放车的大厢板上，穿着大头鞋，裹着皮大衣，蜷缩成一团。从车篷布的缝隙中看着阿卡孜达坂和界山达坂上纷飞着的鹅毛大雪，听着缠有防滑链的车轮在雪地和碎石上碾过的细碎声响，觉得我以前在北京温暖家中读书的日子，是一个梦。六天中，没有任何阿里的男性军人们给过我们以丝毫关照。我们终于在第六天夕阳西下的时候到达狮泉河镇，迎接我们的阿里军分区卫生科的领导又表现得匪夷所思。他们围着我们五个人转了好几圈，然后面面相觑毫无表情地走了。

五个女兵站在荒凉的戈壁上，完全不得要领。我至今仍要感谢大脑缺氧和严重的高山反应带来的木讷和迟钝，让我们在这段不知道有多久的时间内，没有哭，没有叹息，也没有思索，一言不发。在这段思维空白的时间里，我看着远处的夕阳像一张金红色的巨饼，无声无息地缓缓降入峰峦之口，大地变得一片苍茫。

等卫生科的领导再次出现的时候，就很热情了，连连说着"欢迎你们"，接过了我们的背包和脸盆。

科长后来解释他们的做法：曾经收到过南疆军区的电文，说是给卫生科派去了五名卫生员，但并没有说明是女兵。在我们之前，阿里军分区从来没有女兵，所以他们头脑中也没这根弦。接站时刻，突然发现来者是女兵，遂大吃一惊措手不及。他们原本是把我们分散安排在各个男兵宿舍，一见之下情知不妥，赶紧回去倒腾房子。

我们五个都是1969年的兵，2月入伍，在新兵连集训了两个月，学的都是齐步走投弹射击什么的，其余的时间就是种菜送粪，并没有经过任何医学训练。到了卫生科，马上安排我们到病房工作，连最基本的肌肉神经在哪里都不知道，就让我们开始上班了。

那时病房有12张病床，经常住得满满的，还要加床。记得第一天打针，老卫生员告诉我，你在病人的半边屁股上画一个"十"字，然后在"十"字外四分之一处把针戳进去就行了。千万不要打到靠内侧啊，那样伤了神经，会把人打瘫的。

这番话他跟我说过好几遍了，可我还是下不了手。老卫生员说，这又不是扎你自己，有什么可怕的，一狠心一咬牙就攮进去了。

我说，这跟学木匠可不一样，人都是肉长的。

老卫生员说，人肉可比木板软多了。

不管他怎么说，我还是没法上阵。老卫生员一副恨铁不成钢的模样，答应我先在棉被上练习一下。我表示可以一不怕苦二不怕死在自己身上练习，但肌肉注射这个事，只能在别人身上练习，自己就不太好操作了。过了好几天，当我在棉被上扎得基本熟练之后，才推着治疗车进入病房。我的第一针是给一个叫"黄金"的战士注射青霉素。老卫生员说得不错，人的肌肉比木板好扎多了，也比棉被容易进针。扎完之后，"黄金"一股劲地感谢我，说一点都不疼。我自己知道这是为什么。因为用的劲过大，针头全部飞快地刺进肌肉，所以几乎不疼。缺点是这样进针十分鲁莽，如果针断在皮肉中，取出来就很困难。算这位"黄金"战友命大，既不感觉到疼，也没有碰上断针这样的倒霉事，过了一关。

1970年底，要开始野营拉练了。我们都纷纷写决心书，报名参加拉练，要求到火线上去锻炼。繁忙的准备工作开始了，主要是给自己做一口锅，以便独立野炊的时候能吃得上饭。具体方法是先用锉刀把罐头盒锉开，这样才能最大限度地保存罐头盒盖子的完整，在做饭的时候少跑一点气。然后在罐头盒盖子（现在已经变成锅盖子了）上凿个小洞，在罐头盒锅体上也穿个小洞，两洞合一，用铁丝拧紧，简易小锅大功告成。

出发的前一天，我们把拉练需要携带的物品——枪支弹药、红十字包、干粮袋、帐篷雨衣、被褥行李等，都背在身上，跳上磅秤一量，将近 200 斤。那时我们的基本体重（穿上棉袄棉裤绒衣绒裤大头鞋，戴上皮帽子）大约是 120 斤。也就是说，负重在 70 斤以上。

出发了。

风餐露宿，跋山涉水。1971 年 1 月，数九寒天，阿里高原最寒冷的日子。日日急行军，给我留下最深印象的是从葛尔昆莎到班卡的一段路。设定的行军路线图要翻越无人区，路上完全没有水，所以要每人背上一块冰。也没有柴草，要背上牛粪干。当天赶不到班卡就没有地方宿营，必须走 120 里山路。大约是早上 3 点钟，队伍启程了。

120 里路，在海拔 5000 米以上的高山之巅，就是巨大的挑战了。上午还好，虽然气喘吁吁，总算不掉队地走了下来。中午吃饭的时间到了，要求各自起火。我们先是把背上的冰取下来，砸成小块，放到罐头盒小锅里，然后再找到几块小石头，把罐头盒垫起来，算作灶台。再把牛粪干塞到石头的缝隙里，点火开始做饭。等到水开了，把干粮袋里的生米下锅，米熟了，就可以开饭了。

这个过程说起来简单，其实不易。单是在大风中划着火柴，就要费半天的工夫。火柴梗丢了一地，还是无法引燃，我向战友借打火机。他说："这里海拔太高了，打火机也很难打着，我的打火机有个外号，叫作'半个世纪'。"

他以为我一定会好奇地问打火机为什么要叫"半个世纪"，我又累又饿，根本没心情说话。他只好自己说下去，"因为要连续打五十几下，才能冒出火苗。"我好不容易把牛粪干点燃，瞬即又被大风吹熄，只得重点。几番折腾之后，冰融化成了点点滴滴的水，发出啾啾啦啦的响动。我赶快抓起一把生米下锅，罐头盒内又无声无息了。千呼万唤好不容易才把米泡开，我尝了一下基本上可以吃了，却不料一不小心，支撑罐头盒的石头晃了一下，整个盒子倒扣下来，湮灭了牛粪火，所有的米粒也都撒在外头，白花花一地，马上冻结在石头上，没法吃了。

欲哭无泪。因为各自起火做饭，罐头盒就那么一点大，别人的饭食也很有限，我不能求助。正在想着是不是重新煮米，出发的号声响了。

一座险峻的高山横在路上。到了傍晚的时候，只爬到半山，饥寒交迫，我只觉得自己再也坚持不下来了。心跳得好像要从嗓子里喷出来，喉头咸腥，仿佛一张嘴会血溅大地。背上交叉的皮带，一条属于手枪，一条属于红十字包，如同两条绞索，深深地嵌进了肩骨。两腿沉重如铅，眼珠被耀眼的冰雪刺得发盲，不停地流泪……我问自己，人这样活着还有什么意义？我身上的所有感官，感受到的都是痛苦与折磨，这样的生命，我再也不想拥有了。我要结束生命，从此长眠，埋骨雪山。

我认真地开始寻找致死的机会。我想，第一是不摔则已，要摔必死。因为如果不死，只是断了胳膊折了腿，还得劳烦战友们下到谷底抬着我走。艰苦行程中，人人自身难保，再使战友负重行军，我就成了罪人。第二是必须摔得粉身碎骨，让人从高处一看就知道根本找不到我的尸骨。放弃寻找，给大家方便。

想好之后，我已抱定了必死的决心，只剩下具体实施了。我原来以为死是比较容易的事情，其实真要寻死，也并不容易。第一次，我看好了一个地方，就要放开攀岩的手的时候，突然发现底下的石头不够尖锐，摔而不死就糟糕了。第二次选中的地方，又觉得那里的积雪太厚了，也难以一摔致命。第三次，怪石嶙峋积雪菲薄，摔下去必死无疑，但因为是在队列中行进，我后面的那个人亦步亦趋跟得太紧，如果我一失手坠落，背上凸起的背包在堕下的过程中挂上他，他在毫无准备的情况下，很可能被我牵连着一同摔下去……

我不能伤了战友的生命。机会稍纵即逝，我眼睁睁地看着那块最佳的自杀之地离我远去。天不可阻挡地黑下去了，天黑之后，自杀就变得更为困难。主要是看不清地形，如果摔不死的话，就会被活活冻死，那太可怕了。我不怕死，可我害怕慢慢地煎熬。

寻死不得，你就只有像架机器似的向前向前……队伍中是不能容忍停滞不前的。完全没有了思想，没有了方向，只有挺进。周围是一片黑暗，我从来没有见过那样黏腻厚重的黑暗，头脑中也是一片黑暗，如同最深的海底，渺无希望。

大约到了半夜 3 点钟的时候，我们终于抵达了班卡哨所。我们不停顿地行走了 24 小时，气温是 –38℃。

那天晚上（正确地讲应该说是黎明），我以为自己会蒙头大睡，不想脑筋却冰雪一样清冷。我想，人在最艰苦的时候，常常会产生绝望，以为自己就此倒下，一了百了。但只要不懈地坚持，其实也没有什么大不了的，曙光会重新出现。

1980 年我转业回北京。受理户口的民警登记时问我：你一入伍就分到西藏阿里军分区，一直到转业，都是在这个单位工作吗？我说，是。我当兵 11 年，只在一个单位工作过，那就是西藏阿里军分区。

# 切开忧郁的洋葱

忧郁的人往往是孤独的，因为他们的自卑与自怜。忧郁的人往往互相吸引，因为他们的气味相投。

忧郁是一只近在咫尺的洋葱，散发着独特而辛辣的味道，剥开它紧密黏黏的鳞片时，我们会泪流满面。

一位为联合国工作的朋友告诉我，她到过战火中的难民营，抱起一个小小的孩子。她紧紧地搂着这幼小的身躯，亲吻她干枯的脸颊。朋友是一位博爱的母亲，很喜爱儿童，温暖的怀抱曾揽过无数孩子，但这一次，她大大地惊骇了。那个婴孩软得像被火烤过的葱管，微弱而空虚。完全不知道贴近抚育她的人，没有任何欢喜的回应，只是被动地僵直地向后反张着肢体，好似一块就要从墙上脱落的白瓷砖。

朋友很着急，找来难民营的负责人，询问这孩子是不是有病或是饥寒交迫，为什么表现得如此冷漠？那负责人回答说，因为有联合国的经费救助，孩子的吃和穿都没有问题，也没有病。她是一个孤儿，父母双亡。孩子缺少的是爱，从小到大，从没有人抱过她。因她不知"抱"为何物，所以不会反应。

朋友谈起这段往事，感慨地说，不知这孩子长大之后，将如何走过人生？

不知道。没有人回答。寂静。但有一点可以预见，她的性格中必定藏有深深的忧郁。

我们都认识忧郁。每一个人，在一生的某个时刻，都曾和忧郁狭路相逢。

自然界的风花雪月，人生的悲欢离合，从宋玉的悲秋之赋到绿肥红瘦的喟叹，从游子的枯藤老树昏鸦到弱女的耿耿秋灯凄凉，忧郁如同一只老狗，忠实而疲倦地追着人们的脚后跟，挥之不去。随着现代社会的发达，忧郁更成了传染的通病。"忧郁症"已经如同感冒病毒一般，在都市悄悄蔓延流行。

忧郁像雾，难以形容。它是一种情感的陷落，是一种低潮的感觉状态。它的症状虽多，灰色是统一的韵调。冷漠、丧失兴趣，缺乏胃口，退缩，嗜睡，无法集中注意力，对自己不满，缺乏自信……不敢爱，不敢说，不敢愤怒，不敢决策……每一片落叶都敲碎心房，每一声鸟鸣都溅起泪滴，每一束眼光都蕴满孤独，每一个脚步都狐疑不定……

一个女大学生给我写信，说她就要被无尽的忧郁淹没了。

因为自己是杀人凶手，那个被杀的人就是她的妈妈。她说自己从三岁起双手就沾满了母亲的鲜血，因为在那一天，妈妈为了给她买一串过生日的糖葫芦，横穿马路，倒在车轮下……

"为此，我怎能不忧郁？忧郁必将伴我一生！"信的结尾处如此写着，每一个字，都被水洇得像风中摇曳的蓝菊。

说来这女孩子的忧郁，还属于忧郁中比较谈得清的那种，因为源于客观的、重要人物的失落，在某种程度上，是我们不得不面对的痛苦反应。更有那说不清道不明的忧郁，树蚕一样噬咬着我们的心，并用重重叠叠的愁丝，将我们裹得筋骨蜷缩。

忧郁这种负面情感的源头，是个体对失落的反应。由于丧失，所以我们忧郁。由于无法失而复得，所以我们忧郁。由于从此成为永诀，所以我们忧郁。由于生命的一去不返，所以我们忧郁。

从这种意义上讲，忧郁几乎是人类这种渺小的动物，面对宇宙苍穹时，与生俱来的恐惧，所以我们无法从根本上消除忧郁。我相信凡有人类生存的日子，我们就要和忧郁为朋，虽然我们不喜欢，但我们必须学会与忧郁共舞。

正因为这种本质上的忧郁，所以我们才要在有限的生存岁月中，挑战忧郁，让我们自己生活得更自由，更欢愉，更勃勃生气。

失落引发忧郁。当我们分析忧郁的时候，首先面对的是失落。细细想来，失落似可分为不同性质的两大类。

一是目前发生的真实与外在的失落，是可以被我们确认并加以处理的。比如失去父母，失去朋友，失去恋人，失去工作，失去金钱，失去股票，失去名声，失去房产，失去自信……惨虽惨矣，好歹失在明处，有目共睹。

二是源自自我发展的早期便被剥夺，或严重的失望经验，导致内在的深刻的失落。这话说起来很拗口，其实就是失得糊涂，失得迷惘，失在暗地，失在生命入口端的混沌处。你确定无疑地丢失了，却不知遗落在哪一地驿站。

这可怕的第二种失落，常常是潜意识的，表明在我们的儿童期，有着不同程度的缺憾和损失。因为我们未曾得到醇厚的爱，或因这爱的偏颇，我们的内心发展受阻。因为幼小，我们无法辨析周围复杂的社会，导致丧失了对他人的信任，并在这失望中开始攻击自己。如同朋友抱起的女婴，她已不知人间有爱，已不会回报爱与关切。在凄楚中长大的孩子，常常自我谴责与轻贱，认为自己不可爱，无价值，难以形成完整高尚的尊严感。

过度的被保护和溺爱，也是一种失落。这种孩子失落的是独立与思考，他们只有满足的经验，却丧失了被要求负责的勇气，丧失了学会接受考验和失败的能力，丧失了容纳失望的胸怀。一句话，他们在百般呵护下，残害了自我的成长性和控制力的发展。他们的脑海深处永远藏着一个软骨的啼哭的婴孩，因为愤怒自己的无力，并把这种无能感储入内心，因而导致无以名状的忧郁。

人的一生，必须忍受种种失落。就算你早年未曾失父失母失学失恋，就算你一帆风顺平步青云，你也必得遭遇青春逝去韶华不再的岁月流淌，你也必得步入体力下降记忆衰退的健康轨道，你也必有红颜易老退休离职的那一天，你也必得遵循生老病死新陈代谢的铁律。到了那一刻，你是否有足够的弹性抵御忧郁？

还有一种更潜在的忧郁，是因为我们为自己立下了不可达到的高标准，产生了难以满足的沮丧感。这种源自认定自我罪恶的忧郁症状，是与外界无关的，全需我们自我省察，挣脱束缚。

忧郁的人往往是孤独的，因为他们的自卑与自怜。忧郁的人往往互相吸引，因为他们的气味相投。忧郁的人往往结为夫妻，多半不得善终，因为无法自救亦无力救人。忧郁的人往往易于崩溃，因为他们哀伤，更因为他们羸弱绝望。

难民营的婴儿，不知你长大后，能否正视自己的童年？失却的不可复来，接受历史就是智慧。记忆中双手沾着血迹的女大学生，你把那串猩红的糖葫芦永远抛掉吧，你的每一道指纹都是洁白的，你无罪。母亲在天上向你微笑。

　　不要嘲笑忧郁，忧郁是一种面对失落的正常反应。不要否认我们的忧郁，忧郁会使我们成长。不要长久地被忧郁围困，忧郁会使我们萎缩。不要被忧郁吓倒，摆脱了忧郁的我们，会更加柔韧刚强。

# 心轻者上天堂

心灵如果披挂着旧日尘埃，就好像浸满了深秋夜雨的蓑衣，湿冷沉暗。

　　埃及国家博物馆，有一件奇怪的展品。一只用精美白玉雕刻的匣子，大小和常用的抽屉差不多，匣内被十字形玉栅栏隔成四个小格子，洁净通透。玉匣是在法老的木乃伊旁发现的，当时匣内空无一物。从所放位置看，匣子必是十分重要，可它是盛放什么东西用的？为什么要放在那里？寓意何在？谁都猜不出。这个谜，在很长一段时间内，让考古学家们百思不得其解。后来，在埃及中部卢克索的帝王谷，在卡尔维斯女王的墓室中，发现了一幅壁画，才破解了玉匣的秘密。

　　壁画上有一位威严的男子，正在操纵一架巨大的天平。天平的一端是砝码，另一端是一颗完整的心。这颗心是从一旁的玉匣子中取出的。在埃及古老的文化传说中，有一位至高无上的美丽女性，名叫快乐女神。快乐女神的丈夫，是明察秋毫的法官。每个人死后，心脏都要被快乐女神的丈夫拿去称量。如果一个人是欢快的，心的分量就很轻，女神的丈夫就引导那心如羽毛般轻盈的人的灵魂飞往天堂；如果那颗心很重，被诸多罪恶和烦恼填满皱褶，快乐女神的丈夫就判这个人的灵魂下地狱，永远不得见天日。

原来，白玉匣子是用来盛放人的心灵的。原来，心轻者可以上天堂。

自从知道了这个传说，我常常想，自己的心是轻还是重，恐怕等不及快乐女神的丈夫用一架天平来称量，那实在太晚了。呼吸已经停止，一生盖棺定论，任何修改都已没有空白处。我喜欢未雨绸缪，在我还能微笑和努力的时候，就把心上的赘累一一摘掉。我不希图来世的天堂，只期待今生今世此时此刻，朝着愉悦和幸福的方向前进。天堂不是目的地，只是一个让我们感到快乐自信的地方。

心灵如果披挂着旧日尘埃，就好像浸满了深秋夜雨的蓑衣，湿冷沉暗。如何把水珠抖落，在朗空清风中晾干哀伤的往事？如何修复心灵的划痕，让它重新熠熠闪亮，一如海豚的皮肤在前进中使阻力减到最小？如何在阳光下让心灵变得剔透晶莹，仿佛古时贤臣比干的七窍玲珑心，忠诚正直，诚恳聪慧，却不会招致悲剧的命运？

我们不是从一张白纸开始自己的心灵健康之旅的，而是背负着个人的历史和集体的无意识，在文化的熏染中长大的，它们对我们的影响复杂而深远，微妙而神秘。

# 面对炎凉微笑

---

一个对世界抱有悲观态度的人，是笑不出来的。

"炎凉"这个词，本意并不复杂。炎就是热，凉就是冷。这两个字搭在一起，所指也很简单——单纯的热和冷。不过炎凉二字，除了指气温，它现身时，常常头上插着一对犄角，抢先抵入人们视野，那就是"世态"二字。这个"世态炎凉"组合，让原本普通的表示温度的词儿，陡地锋利起来，生出疏离凄凉之感。地位的落差与人性的幽深，从这词的缝隙处，"嗖嗖"洞穿而出。

除了这种逼仄含义，炎凉有时还特指寒暑往来，借喻岁月的一去不返。用在经济学上，便是壁垒之意，形容富贵与贫寒的壕沟。

深究炎凉之意，多半囊括了人间种种尴尬际遇，从经济学到社会学，从亲友间的俯仰到时光的更迭，传递着难以言说的窘困与无奈。

再来说说微笑吧。微笑是人特有的表情。某些动物可能会做出仿佛笑一般的表情，但它们无法有意识地控制笑的幅度，大多是类似打哈欠的狂笑之貌，轻微瘆人。很有分寸地掌控笑的幅度和分寸，应是人的专长。

微笑是人与人之间的一种友善行为，表达愉悦、欢乐、幸福、乐趣，等等。它不分文化、种族或宗教，是美意的通行证。

记得我学医时，逢到解剖课讲人体林林总总的肌肉群，就很烦闷。

血淋淋不美观且难以记忆，枯燥无聊。老师卖力地讲四肢肌肉，估计主要立足于野战外科，战场上士兵们胳膊腿儿受伤的概率最高。胸腹部一带而过。我私下猜测，若是该处受伤，立马危及生命，留给医生救治的机会并不多。至于头面部的肌肉，讲得也很简略。估计同理，颅脑重创，救也来不及。

记得教员（那时不叫老师，称教员，显出部队的特殊性）讲到面部时说，这里的肌肉群分为两大类——咀嚼肌和表情肌。说着他展开面肌图谱。

我不喜欢看解剖图谱，觉得人被肢解后很丑。此刻不看也得看：围着眼睛和嘴巴，是一团团同心圆般的环形肌。成扇形状分布的片肌，连接着颧骨和腮帮子。

教员三言两语说完咀嚼肌后，接着讲：额肌、枕肌、眼轮匝肌、口轮匝肌、提上唇肌、提口角肌、颧肌、降口角肌、降下唇肌、颊肌……大家说说这些肌肉协同起来干什么用?

大家七嘴八舌答,睁眼、闭眼、提眉、皱眉、龇牙、咧嘴……

教员嫌大家啰唆,提纲挈领总结道,这些肌肉最重要的作用,是协调起来做出表情。

我等未来的军医们,对这个说法并不很在意。战场上只有一个表情:同仇敌忾、眦眦迸裂。

不过在和平时期,微笑是人与人之间的见面礼。

微信中的一个表情就是"微笑"。它用处广泛,打个招呼啊;说完了话做个结尾啊;实在忙,来不及细说,且待下回分解啊……都会把此尊请出,千言万语尽在不言之中,统交由它去打点。

我总疑心设计这个表情符号的人,虽不坏,但未曾真正乐享过幸福。他有点忧郁,理论上知道笑容的美好,但无法由衷地微笑。不信,你对着镜子,照着那个圆脸小黄人,模拟它的笑容试一试,难度甚高。须瞪着眼睛,眼珠朝下瞄,嘴角往上挑……一个正常人,实难用这种略显奇异的组合,传达佳美心情。

当然,不能苛求一个简单符号,但我想无所不能的电脑,已能杀败世界围棋顶尖高手,亿万人都日日应用的小图形,就不能解决吗?

估计不是不能,是不屑。如果觉得改革图形伤筋动骨,为图省事，可把小黄人的眼珠省略，只剩弯弯两道眉即可，定比现有图形显着喜庆。

所有的成功学都在不遗余力地鼓吹微笑。甚至有人举出例子，说追踪了若干女大学生的命运，凡当年毕业照中笑得欢畅，比较富有积极情感的，往后多少年里，大多婚姻成功、生活优渥。

多么令人期许的愿景，居然和家世无干，和努力无干，和智力情商等一系列事物也无大关系，只和笑容有关。这有什么难的，笑起来就是了。就算这调查结论存疑，但"笑一笑十年少"，老祖宗的教诲，可靠并且健身。就算洋人和祖辈说的都不一定确切，但莞尔一笑，也不费什么体力脑力，运动一下表情肌，有什么难的！操练起来就是。

然而，发自内心的明媚笑容，来得并不容易。它并不仅仅是表情肌的运动，而是和你对这个世界的基本看法紧密相关。

你如果相信人之初性本善，你如果相信人生是有意义的，你如果相信人性中信任占主导，你如果相信做人是一件有意义的好事情……

那么就算你从前不知道微笑为何物，经过适当的训练，你也会笑出来，从此拥有动人的笑容。一个对世界抱有悲观态度的人，是笑不出来的。

很多人以为表情肌像腹肌一样，可以借助器械和时间，让它逐渐强壮。我估计不成。腹肌只是单纯的肌块，你可以强制训练它，不管它乐意不乐意，它都会逐渐膨胀变得强健起来，它本身是没有思想的。

表情肌不一样，它是一大组复杂肌肉，再加上根本不是肌肉的"苹果肌"（它位于下眼眶下大约两厘米处，圆润饱满，是微笑时最活泼生动的一团脂肪组织），是有情绪的活物。若没有真性情这个统帅，没有主人发自内心的欢欣，这个杂牌军，才不会乖乖就范。如果你强行指挥它们，那么，它们会众叛亲离地组合成一个貌似笑容的表情。

在人类词典中，这种表情有一个特定的名称——皮笑肉不笑。更甚者，还可以叫"笑面虎""笑里藏刀"，等等。人们对此早有高度警觉，你适得其反，不但达不到传递美意的初衷，还会被打入"虚伪"的另册。

人们常以为只有面对顺境、喜悦、财富、好运等时刻，才会绽放笑容，这实在是对笑容的误解。笑容不是来自外在的恩赐，而是发自内心的振作。

相信太阳温暖，人心美好；相信生命是有方向的，未来是可以掌握的，所以我们微笑。不但在顺境中微笑，即使是面对炎凉，我们也能微笑。炎凉是正常生活的一个组成部分，炎凉并不可怕，可怕的是我们忘记了微笑。

# 分裂是一种双重标准

如果你愤怒，你就呐喊；如果你哀伤，你就哭泣；如果你热爱，你就表达；如果你喜欢，你就追求。

分裂是个可怕的词。一个国家分裂了，那就是战争。一个家庭分裂了，那就是离异。一个民族分裂了，那就是苦难。整体和局部分裂了，那就是残缺。原野分裂了，那就是地震。天空分裂了，那就是黑洞。目光分裂了，那是斜眼。思想和嘴巴分裂了，那就是精神病，俗称"疯了"。

早年我读医科的时候，见过某些精神病人发作时的惨烈景象，觉得"精神分裂症"这个词欠缺味道，还不够淋漓尽致、入木三分。随着年龄的增长和阅历的丰富，这才知道"分裂"的厉害。

分裂在医学上有它特殊的定义，这里姑且不论。用通俗点的话说，就是在我们的心灵和身体里，存在着两个司令部。一个命令往东，一个命令往西或是往南，也可能往北。如同十字路口有多组红绿灯在发号施令，诸如车横冲直撞，大危机就随之出现了。

分裂耗竭我们的心理能量，使我们衰弱和混乱。有个小伙子，人很聪明敏感，表面上也很随和，从来不同别人发火。他个儿矮人黑，大家就给他起外号，雅的叫"白矮星"，简称"小白"，俗的叫"碌碡"，简称"老六"。由于他矮，很多同学见到他，就会不由自主地胡撸一下他的头发，叫一声"六儿"或是"小白"，他不恼，一概应承着，附送谦和的微笑，因而人缘很好。终于，有个外校的美丽女生，在一次校际联欢时，问过他的名字后，好奇地说，你并不姓白，大家为什么称你"小白"？这一次，他面部抽搐，再也无法微笑了。女生又问他是不是在家排行第六？他什么也没说，猛转身离开了人声鼎沸的会场。第二天早上，在校园的一角发现了他的尸体。人们非常震惊，百思不得其解，有人以为是谋杀。在他留下的日记里，述说着被人嘲弄的苦闷，他写道：为什么别人的快乐要建立在我的痛苦之上？每当别人胡撸我头发的时候，我都恨不得把他的爪子剁下来。可是，我不能，那是犯罪。要逃脱这耻辱的一幕，我只有到另一个世界去了……

大家后悔啊！曾经摸过他头顶的同学，把手指攥得出血，当初以为是亲昵的小动作，不想却在同学的心里刻下如此深重的创伤，直到绞杀了他的生命。悔恨之余，大家也非常诧异他从来没有公开表示过自己的愤怒。哪怕只有一次，很多人也会尊重他的感受，收回自己的轻率和随意。

这个同学表面上的豁达，内心的悲苦，就是一个典型的分裂状态。如果你不喜欢这类玩笑和戏耍，完全可以正面表达你的感受。我相信，绝大多数的人会郑重对待，改变做法。当然，可能部分人会恶作剧地坚持，但你如果强烈反抗，相信他们也会有所收敛。那些忍辱负重的微笑，如同错误的路标，让同学百无禁忌，终酿成惨剧。

如果你愤怒，你就呐喊；如果你哀伤，你就哭泣；如果你热爱，你就表达；如果你喜欢，你就追求。

如果你愤怒，却佯作欢颜，那不但是分裂，而且是对自己的污损；如果你热爱，却反倒逃避，那不但是分裂，而且是丧失勇气；如果你喜欢，却装出厌烦，那不但是分裂，而且是懦弱和愚蠢……

# 无能为力的感觉像忠实的狗

我不恨这种感觉了，我把它当作正常的七情六欲的一部分。

我经常痛恨自己时不时会出现无能为力的感觉。这感觉恰像忠实的狗，不管主人多么落魄，始终紧紧跟随。

后来，我改变策略。我不恨这种感觉了，我把它当作正常的七情六欲的一部分。

因为我只是一个平凡的女人。

因为我身上有许许多多的弱点和缺陷。

因为我经常得不到上天的眷顾。

因为我不能奢求我无法得到的好运。

所以，我常常在生活的重压之下叹息和停顿。

我不再讨厌无能为力的感觉，这是我身体和精神的真实写照。

如果我降低要求，这种无力感就会稍稍减轻。

如果我鼓起勇气，这种无力感也会消散一部分。

如果我和朋友们有一次畅快的沟通和交流，这种无力感也会稀释一点浓度。

甚至，如果我随手拿起报纸，看到一场天灾人祸，看到某些比我还不幸的人在挣扎和抗争，我的心也会松弛一些。

有时觉得，这种在别人的辛苦中感到相对比较幸运的想法，是否自私甚至幸灾乐祸？又一想，尚不致卑鄙至此，不过是在这种比较中，看到了事物的更多侧面，激励自己不要轻言失败。

那些更艰苦的人们尚在奋斗之中，你有什么资格放弃呢？

# 柳枝骨折

斧刃最难劈入的树瘤，恰是当年树木折断后愈合的地方。

学医时，教授拿一枝柳枝进教室。嫩绿的枝条上，萌着鹅黄的叶，好似凤眼初醒的样子。严谨的先生啪地折断了柳枝，断茬锐利，只留青皮褴褛地连缀着，溅出一堂苦苦的气息。教授说，今天我们讲人体的"柳枝骨折"。说的是此刻骨虽断，却还和整体有着千丝万缕的联系。医生的职责，就是把断骨接起来，需要格外的冷静，格外的耐心……

多年后，偶到大兴安岭。苍莽林海中，老猎人告诉我，如果迷了路，就去找柳树。

我问为什么？他说，春天柳树最先绿，秋天它最后黄。有柳的地方必有活水，水往山外流，你跟着它，就会找回家。

一位女友向我哭诉她的不幸，说家该纯洁，家该祥和。眼前这一切都濒临崩塌，她想快刀斩乱麻，可孩子小……

我知她家并非恩断义绝，就讲起了柳枝骨折。植物都可凭着生命的本能，愈合惨痛的伤口，我们也可更顽强更细致地尝试修整家的破损。

女友迟疑说，现代的东西，不破都要扔，连筷子都变成一次性的……何况当初海誓山盟如今千疮百孔的家！

我说，家是活的，会得病也会康复。既然高超的仪器会失灵，凌飞的火箭会爆炸，精密的计算机会染病毒，蔚蓝的天空会厄尔尼诺，婚姻当然也可骨折。

一对男女走入婚姻的时候，就是共同种下了一棵柳树，期待绿荫如盖。他们携手造了一件独一无二的产品——他们的家。需承诺为其保修，期限是整整一生。

柳树生虫。当家遭遇危机的时候，修补是比丢弃更烦琐艰巨的工程。有多少痛苦中的人们嫌了烦，索性扔下断了的柳枝，另筑新巢。这当然也是一种选择，如同伤臂截肢。但如果这家中还有孩子，那就如同缕缕连缀的青色柳枝，还需三思而后行！

女友听了我的话，半信半疑道，缝缝补补恢复起来的家，还能牢靠吗？

我说，当年的课堂上，我们也曾问过教授，柳枝骨折长好后，当再次遭受重大压力和撞击的时候，会不会在原位爆开？

教授微笑着回答，樵夫上山砍柴，都知道斧刃最难劈入的树瘤，恰是当年树木折断后愈合的地方。

# 自拔

如果你因压力忙到无力自拔，忙到昏天黑地……如果你想改
变，就试着了解压力吧。

　　自己把自己拔出来——我喜欢"自拔"这个词。不是跳出
来或是爬出来，而是"拔"。小时候玩过拔萝卜的游戏，那是
要一群小朋友化装成动物，齐心合力才能完成的事业。现代人
常常陷在压力的泥沼中，难以享受生活的美好。把自己从压力
中拔出来，也是一项系统工程。

　　压力本是一个物理名词，比如气压、水压、风压……推
广开来，医学上有血压、脑压、颅内压等，多属于专业名词，
不料如今风云突变，压力成了高频词。生活有压力，经济有压
力，学业有压力，晋升有压力，人际关系有压力，情感世界
有压力，婚姻也有压力……人们的交谈中，无不涉及林林总总
的压力。压力像打翻了的汽油桶，弥散到现代人生活的各个领
域，散发着浓烈的气味。我们躲不胜躲，防不胜防，不定在哪

个瞬间，就燃起火焰。

其实适当的压力，是保持活性的重要条件。如果空气没有了压力，我们的呼吸就会衰竭。如果血液没有了压力，我们的四肢就会瘫痪。如果水管子没有了压力，住在高层楼房的人将失去可饮可用的清洁之水。20 世纪的石油英雄"王铁人"也说过"井无压力不出油，人无压力不进步"的豪言壮语。

只是这压力须适度。比如冬日里柔柔的阳光照在身上，这是一种轻松的压力，让我们温暖和振奋。设想这压力增加十倍，那基本上就成了吐鲁番酷热的夏季，大伙只有躲到地窖里才能过活。假如这压力继续增加，到了百倍千倍的强度，结果就是焦炭一堆了。

现代人常常陷于压力构建的如焚困境之中。也许是某一方面的压力过强，也许是许多方面的压力综合在一起。如是后者，单独究其某一方面的压力，强度尚可容忍，但积少成多，细微的压力日积月累地堆积起来，就成了如山的重负。金属都有疲劳的时候，遑论血肉之躯？如不减压，真怕有一天成了齑粉。

如果你因压力忙到无力自拔，忙到昏天黑地，忘记了自己的生日和家人的团聚，忘掉了自己如此辛辛苦苦究竟是为了什么，如果你想改变，就试着了解压力吧。寻找压力的种种成因，为扑朔迷离捉摸不定的压力画像，澄清我们对压力的模糊和迷惘之处，让折磨我们的压力毒蛇从林莽之中现形，让我们对压力的全貌和运转的轨迹有较为详尽的了解。中国的兵法上有句古话，叫作"知己知彼，百战不殆"，当你认识到了你所承受的压力的强度和种类，在某种程度上我们就已经钉住了压力毒蛇的七寸。

明白了压力的起承转合，找到了适合自己的减压方式之后，你的呼吸就会轻松一点，胸中的块垒也会松动出些许空隙。坚持下去，持之以恒，你就会一寸寸地脱离沉重压力的吸附，把自己成功地拔出来。也许在某一个清晨醒来的时候，你突围而出，像蝴蝶一样飞舞。

假如生活欺骗了你

# 红与黑的少女

---

飞茹靠着一袭黑衣保持着和父母的精神联系和认同，她以这样的方式，既思念着父母，又抗议着被遗弃的命运。

来访者进门的时候，带来了一股寒气，虽然正是夏末秋初的日子，天气还很炎热。

女孩，十七八岁的样子，浑身上下只有两种颜色——红与黑。这两种美丽的颜色，在她身上搭配起来，却成了恐怖。黑色的上衣黑色的裙，黑色的鞋子黑色的袜，仿佛一滴细长的墨汁洇开，连空气也被染黑。苍黄的脸上有两团夸张的胭脂，嘴唇红得仿佛渗出血珠，该黑的地方却不黑，头发干涩枯黄，全无这个年纪女孩青丝应有的乌泽。眼珠也是昏黄的，裹着血丝。

"我等了您很久……很久……"她低声说自己的名字叫飞茹。

我歉意地点点头，因为预约的人多，很多人从春排到了秋。我说："对不起。"飞茹说："没有什么对不起的，这个世界上对不起我的人太多了，您这算什么呢！"

飞茹是一个敏感而倔强的女生，我们开始了谈话。她说："您看到过我这样的女孩吗？"

我一时不知如何回答好，就说："没有。每一个人都是特别的，所以，我从来没有看到过两个思想上完全相同的人，就算是双胞胎，也不一样。"

这话基本上是无懈可击的，但飞茹不满意，说："我指的不是思想上，我知道这个世界上绝没有和我一样遭遇的女孩。我指的是打扮上，纯黑的。"

我老老实实地回答："我见过浑身上下都穿黑色衣服的女孩。通常她们都是很酷的。"

飞茹说："我跟她们不一样。她们多是在装酷，我是真的……残酷。"说到这里，她深深地低下了头。

我陷入了困惑。谈话进行了半天，我还不知道她是为什么而来。主动权似乎一直掌握在飞茹手里，让人跟着她的情绪打转。我赶快调整心态，回到自己内心的澄静中去。这女孩子似乎有种魔力，让人不由自主地关切她，好像她的全身都散发着一个信息——"救救我"！可她又被一种顽强的自尊包裹着，如玻璃般脆弱。

我问她："你等了我这么久，为了什么？"

飞茹说："为了找一个人看我跳舞。我不知道找谁，我在这个大千世界上找了很久，最后我选中了您。"

我几乎怀疑这个女生的精神是否正常，要知道，付了咨询费，只是为了找一个人看自己跳舞，匪夷所思。再加上心理咨询室实在也不是一个表演舞蹈的好地方，窄小，到处都是沙发腿，真要旋转起来，会碰得鼻青脸肿。我当过多年的临床心理医生，判断她并非精神病患者，而是在内心淤积着强大的苦闷。

我说："你是个专业的舞蹈演员吗？"

飞茹说："不是。"

我又说："但这个表演对你来说，非常重要。为了这个表演，你等了很久很久。"

飞茹频频点头："我和很多人说过我要找到看我表演的人，他们都以为我是在说胡话，甚至怀疑我不正常。我没有病，甚至可以说是很坚强。要是一般人遇到我那样的遭遇，不疯了才怪呢！"

我迅速地搜索记忆，当一个临床心理医生，记性要好。刚才在谈到自己的时候，她用了一个词，叫作"残酷"，很少有正当花季的女生这样形容自己，在她一身黑色的包装之下，隐藏着怎样的深渊和惨烈？现在又说到"疯了"，到底发生了什么？

贸然追问，肯定是不明智的，不能跨越到来访者前面去，需要耐心地追随。照目前这种情况，我觉得最好的方法是尊重飞茹的选择：看她跳舞。

我说："谢谢你让我看舞蹈。需要很大的地方吗？我们可以把沙发搬开。"

飞茹打量着四周，说："把沙发靠边，茶几推到窗子下面，地方就差不多够用了。"

于是我们两个嗨哟嗨哟地干起活来，木质沙发腿在地板上摩擦出粗糙的声音，我猜外面的工作人员一定从门扇上的"猫眼"镜向里面窥视着。诊所有规定，如果心理咨询室内有异常响动，他人要随时注意观察，以免发生意外。趁着飞茹埋头搬茶几的空儿，我扭头对门扇做了一个微笑的表情，表示一切尚好，不必紧张。虽然看不到门扇后面的人影，但我知道他们一定不放心地研究着，不知道我到底要干什么。其实，我也不知道下面会发生什么事情，只是相信飞茹会带领着我，一步步潜入到她封闭已久的内心。

场地收拾出来了，诸物靠边，地中央腾出一块不小的地方，飞茹只要不跳出芭蕾舞中"倒踢紫金冠"那样的高难度动作，应该不会磕着碰着了。我说："飞茹，可以开始了吗？"

飞茹说："行了。地方够用了。"她突然变得羞涩起来，好像一个非常幼小的孩子，难为情地说："您真的愿意看我跳舞吗？"

我非常认真地向她保证："真的，非常愿意。"

她用裹满红丝的眼珠盯着我说："您说的是真话吗？"

我也毫不退缩地直视着她说："是真话。"

飞茹说："好吧。那我就开始跳了。"

一团乌云开始旋转，所到之处，如同乌黑的柏油倾泻在地，沉重黏腻。说实话，她跳得并不好，一点也不轻盈，也不优美，甚至是笨拙和僵硬的，但我一直目不转睛地看着，我知道这不是纯粹的艺术欣赏，而是看一个痛苦的灵魂在用特殊的方式倾诉。

飞茹疲倦了，动作变得踉跄和挣扎，我想搀扶她，被她拒绝了。不知过了多久，她虚弱地跌倒在沙发上，满头大汗。我从窗台下的茶几上找到纸巾盒，抽出一大把纸巾让她擦汗。

待飞茹满头的汗水渐渐消散，这一次的治疗到了结束的时候。飞茹说："谢谢您看我跳舞。我好像松快一些了。"

飞茹离开后，工作人员对我说："听到心理室里乱七八糟地响，我们都闹不清发生了什么事，以为打起来了。"

我说："治疗在进展中，放心好了。"

到了第二周规定的时间，飞茹又来了。这一次，工作人员提前就把沙发腾开了，飞茹有点意外，但看得出她有点高兴。很快她就开始新的舞蹈，跳得非常投入，整个身体好像就在这舞蹈中渐渐苏醒，手脚的配合慢慢协调起来，脸上的肌肉也不再那样僵直，有了一丝丝微笑的模样。也许，那还不能算是微笑，只能说是有了一丁点的亮色，让人心里稍安。

每次飞茹都会准时来，在地中央跳舞。我要做的就是在一旁看她旋转，不敢有片刻的松懈。虽然我还猜不透她为什么要像穿上了魔鞋一样跳个不停，但是，我不能性急。现在，看飞茹跳舞，就是一切。

若干次之后，飞茹的舞姿有了进步，她却不再专心一意地跳舞了，说："您能抱抱我吗？"

我说："这对你非常重要吗？"

她紧张地说："您不愿意吗？"

我说："没有。我只是好奇。"

飞茹说："因为从来没有人抱过我。"

我半信半疑，心想就算飞茹如此阴郁，年岁还小，没有男朋友拥抱过她，但父母总抱过吧？亲戚总抱过吧？女友总抱过吧？当我和她拥抱的时候，才相信她说的是真话。飞茹完全不会拥抱，她的重心向后仰着，好像时刻在逃避什么。身体仿佛一副棺材板，没有任何热度。我从心里涌出痛惜之情，不知道在这具小小的单薄身体中，隐藏着怎样的冰冷。我轻轻地拍打着她，如同拍打一个婴儿。她的身体一点点地暖和起来，柔软起来，变得像树叶一样可以随风飘曳了。

下一次飞茹到来的时候，看到挤在墙角处的沙发，平静地说："您和我一道把它们复位吧。我不再跳舞了，也不再拥抱了。这一次，我要把我的故事告诉您。"

那真是一个极其可怕的故事。飞茹的爸爸妈妈一直不和，妈妈和别的男人好，被爸爸发现了。飞茹的爸爸是一个很内向的男子，他报复的手段就是隐忍。飞茹从小就感觉到家里的气氛不正常，可她不知道这是因为什么，总以为是因为自己不乖，就拼命讨爸爸妈妈欢喜。学校组织舞蹈表演，选上了飞茹，她高兴地告诉爸爸妈妈，"六一"到学校看她跳舞，爸爸妈妈都答应了。过节那天，老师用胭脂在她脸上涂了两个红蛋蛋，在她的嘴上抹了口红。当她兴高采烈地回家，打算一手一个地拉着爸爸妈妈看她演出的时候，见到的是两具穿着黑衣的尸体。爸爸在水里下了毒，骗妈妈喝下，看到妈妈死了后，再把剩下的毒水都喝了。

飞茹当场就昏过去了，被人救起后，变得很少说话。从那以后，她只穿黑色的衣服，在脸上涂红，还有鲜艳欲滴的口红。飞茹靠着一袭黑衣保持着和父母的精神联系和认同，她以这样的方式，既思念着父母，又抗议着被遗弃的命运。她未完成的愿望就是那一场精心准备的舞蹈，谁来欣赏？她无法挣扎而出，找不到自己存在的价值和重新生活的方向。

对飞茹的治疗，是一个极为漫长的过程，我们共同走了很远的路。终于，飞茹换下了黑色的衣服，褪去了夸张的化妆，慢慢回归到正常的状态。

最后分别的时候到了，穿着清爽的牛仔裤和洁白衬衣的飞茹对我说："那时候，每一次舞蹈和拥抱之后，我的身心都会有一点放松。我很佩服'体会'这个词，身体里储藏着很多记忆，身体释放了，心灵也就慢慢松弛了。这一次，我和您就握手告别。"

# 走出黑暗巷道

我们要关怀自己的心理健康，保护它，医治它，强壮它，而不是压迫它，掩盖它，蒙蔽它。只有正视伤痛，我们的心，才会清醒有力地搏动。

那个女孩子坐在我的对面，薄而脆弱的样子，好像一只被踩扁的冷饮蜡杯。我竭力不被她察觉地盯着她的手——那么小的手掌和短的手指，指甲剪得短短的，仿佛根本不愿保护指尖，恨不能缩回骨头里。

就是这双手，协助另一双男人的手，把一个和她一般大的女孩子的喉管掐断了。

那个男子被处以极刑，她也要在牢狱中度过一生。

她小的时候，家住在一个小镇上，是个很活泼好胜的孩子。

一天傍晚，妈妈叫她去买酱油。在回家的路上，她被一个流浪汉强暴了。妈妈领着她报了警，那个流浪汉被抓获。她们一家希望这件事从此被人遗忘，像从没发生过那样最好。但小镇的人对这种事有着经久不衰的记忆和口口相传的热情。女孩在人们炯炯的目光中渐渐长大，个子不是越来越高，好像是越来越矮。她觉得自己很不洁净，走到哪里都散发出一种异样的味道。因为那个男人在侮辱她的过程中说过一句话："我的东西种到你身上了，从此无论你到哪儿，我都能把你找到。"她原以为时间的冲刷可以让这种味道渐渐稀薄，没想到随着年龄增大，她觉得那味道越来越浓烈了，怪异的嗅觉，像尸体上的乌鸦一样盘旋着，无时不在。她断定，世界上的人，都有比猎狗还敏锐的鼻子，都能侦察出这股味道。于是她每天都哭，要求全家搬走。父母怜惜越来越皱缩的孩子，终于下了大决心，离开了祖辈的故居，远走他乡。

迁徙使家道中落。但随着家中的贫困，女孩子缓缓地恢复过来，在一个没有人知道她的过去的地方，生命力振作了，鼻子也不那么灵敏了。在外人眼里，她不再有显著的异常，除了特别爱洗脸和洗澡。无论天气多么冷，女孩从不间断地擦洗自己。品学兼优的她，中学毕业后考上了一所中专学校。在那所人生地不熟的学校里，她人缘不错，只是依旧爱洗澡。哪怕是只剩吃晚饭的钱了，她宁肯饿着肚子，也要买一块味道浓郁的香皂，在全身打出无数泡沫。她觉得比较安全了，有时会快速地轻轻微笑一下。

童年的阴影难以扼制青春的活力，她基本上变成一个和旁人一样的姑娘了。

这时候，一个小伙子走来，对她说了一句话：我喜欢你，喜欢你身上的味道。她在吓得半死中还是清醒地意识到，爱情并没有嫌弃她，猛地进入她的生活了。她没有做好准备，她不知道自己能不能爱，该不该同他讲自己的过去。她只知道这是一个蛮不错的小伙子，自己不能把射来的箭像印第安人的飞去来器似的收回去。她执着而痛苦地开始爱了，最显著的变化是更频繁地洗澡。

一切顺利而艰难地向前发展着，没想到新的一届学生招进来。一天，女孩在操场上走的时候，像被雷电劈中，肝胆俱碎。

她听到了熟悉的乡音，从她原先的小镇来了一个新生。无论她装得怎样健忘，那个女孩子还是很快地认出了她。

她很害怕，预感到一种惨痛的遭遇，像刮过战场的风一样，把血腥气带来了。

果然，没过多久，关于她幼年时代的故事，就在学校流传开来。她的男朋友找到她，问，那可是真的？

她很绝望，绝望使她变得无所顾忌，她红着眼睛狠狠地说，是真的！怎么样？

那个小伙子也真是不含糊，说，就算是真的，我也爱你！

那一瞬，她觉得天地变容，人间有如此的爱人，她还有什么可怕的呢！还有什么不可献出的呢！

于是他们同仇敌忾，决定教训一下那个饶舌的女孩。他们在河边找到她，对她说，你为什么说我们的坏话？

那个女孩有些心虚，但表面上更嚣张和振振有词，说，我并没有说你们的坏话，我只说了有关她的一个真事。

她甚至很放肆地盯着爱洗澡的女孩说，你难道能说那不是一个事实吗？

爱洗澡的女孩突然就闻到了当年那个流浪汉的味道，她觉得那个流浪汉一定附着在这个女孩身上，千方百计地找到她，要把她千辛万苦得到的幸福夺走。积攒多年的怒火狂烧起来，她扑上去，撕那饶舌女孩的嘴巴，一边对男友大吼说，咱们把她打死吧！

那男孩子巨螯般的双手，就掐住了饶舌女孩的脖子。

没想到人怎么那么不经掐，好像一朵小喇叭花，没怎么使劲，脖子就断了，再也接不上了。女孩子直着目光对我说，声音很平静。我猜她一定千百次地在脑海中重放过当时的影像，不明白生命为何如此脆弱，为自己也为他人深深困惑。

热恋中的这对凶手惊慌失措。他们看了看刚才还穷凶极恶现在已了无声息的饶舌女孩，不知道下一步该怎样动作。

咱们跑吧。跑到天涯海角。跑到跑不动的时候，就一道去死。他们几乎是同时这样说。

他们就让尸体躺在发生争执的小河边，甚至没有丝毫掩盖。

他们总觉得她也许会醒过来。匆忙带上一点积蓄，蹿上了火车。

他们不敢走大路，就漫无目的地奔向荒野小道，对外就说两个人是旅行结婚。钱很快就花光了，他们来到云南一个叫情人崖的深山里，打算手牵着手从悬崖跳下去。

于是他们拿出最后的一点钱，请老乡做一顿好饭吃，然后就实施自戕。老乡说，我听你们说话的声音，和《新闻联播》里的是一个腔调，你们是北京人吧？

反正要死了，再也不必畏罪潜逃，他们大大方方地承认了。

"我一辈子就想看看北京。现在这么大岁数，原想北京是看不到了。现在看到两个北京人，也是福气啊。"老人说着，倾其所有，给他们做了一顿丰盛的好饭，说什么也分文不取。

他们低着头吃饭，吃得很多。这是人间最后一顿饭了，为什么不吃得饱一点呢？吃饱之后，他们很感激，也很惭愧，讨论了一下，决定不能死在这里。因为尽管山高林密，过一段日子，尸体还是会被发现。老人听说了，会认出他们，就会痛心失望的。他一生唯一看到的两个北京人，还是被通缉的坏人。对不起北京也就罢了，他们怕对不起这位老人。

他们从情人崖走了，这一次，更加漫无边际。最后，不知是谁说的，反正是一死，与其我们死在别处，不如就死在家里吧。

他们刚回到家，就被逮捕了。

她对着我说完了这一切，然后问我，你能闻到我身上的怪味吗？

我说，我只闻到你身上有一种很好闻的栀子花味。

她惨淡地笑了，说，这是一种很特别的香皂，但是味道不持久。我说的不是这种味道，是另外的……就是……你明白我说的是什么……闻得到吗？

我很肯定地回答她，除了栀子花的味道，我没有闻到其他任何味道。

她似信非信地看着我，沉默不语。过了许久，才缓缓地说，今生今世，我再也见不到他了。就是有来生，天上人间苦海茫茫的，哪里就碰得上！牛郎织女虽说也是夫妻分居，可他们一年一次总能在鹊桥上见一面。那是一座多么美丽和轻盈的桥啊。我和他，即使相见，也只有在奈何桥上。那座桥，桥墩是白骨，桥下流的不是水，是血……

我看着她，心中充满哀伤。一个女孩子，幼年的时候就遭受重大的生理和心理创伤，又在社会的冷落中屈辱地生活。

她的心理畸形发展，暴徒的一句妄谈，居然像咒语一般控制着她的思想和行为。她慢慢长大，好不容易恢复了一点做人的尊严，找到了一个爱自己的男孩。又因为这种黑暗的笼罩，不但把自己拖入深渊，而且让自己所爱的人走进地狱。

旁观者清。我们都看到了症结的所在。但作为当事人，她在黑暗中苦苦地摸索，碰得头破血流，却无力逃出那桎梏的死结。

身上的伤口，可能会自然地长好，但心灵的创伤，自己修复的可能性很小。我们能够依赖的只有中性的时间。但有些创伤虽被时间轻轻掩埋，表面上暂时看不到了，但在深处依然存有深深的窦道。一旦风云突变，那伤痕就剧烈地发作起来，令我们敲骨吸髓般痛楚起来。

我们每个人，都有一部精神的记录，藏在心灵的多宝槅内。

关于那些最隐秘的刀痕，除了我们自己，没有人知道它在陈旧的纸页上滴下多少血泪。不要乞求它会自然而然地消失，那只是一厢情愿的神话。

重新揭开记忆疗治，是一件需要勇气和毅力的事情。所以很多人宁可自欺欺人地糊涂着，也不愿清醒地焚毁自己的心理垃圾。但那些鬼祟也许会在某一个意想不到的瞬间幻化成形，牵引我们步入歧途。

我们要关怀自己的心理健康，保护它，医治它，强壮它，而不是压迫它，掩盖它，蒙蔽它。只有正视伤痛，我们的心，才会清醒有力地搏动。

# 失恋究竟失去什么

---

一个人的价值并不在和别人的比较之中，而是在自己的掌握之中。

一个身材高大的男青年倚在一个瘦弱的女子身上，踉踉跄跄地走进心理咨询中心。工作人员以为他患了重病，忙说，我们这里主要是解决心理问题的，如果是身体上的病，您还得到专科医院去看。女子搀扶着男青年坐在沙发上，气喘吁吁地说，他叫瞿杰，是我弟弟。我们刚从专科医院出来，从头发梢到脚后跟，检查了个底儿掉，什么毛病都没查出来。可他就是睡不着觉，连着十天了，每天二十四小时，什么时候看他，他都睁着眼，死盯着天花板，啥话也不说。各种安眠药都试过了，丝毫用处都没有。再这样下去，就算什么病也不沾，人也会活活熬死。专科医院的大夫也没辙了，让我们来看心理医生。求求你们伸出援手，救救我弟弟吧！

姐姐涕泪交流，瞿杰仿佛木乃伊，空洞的目光凝视着墙上的一个油墨点，无声无息。

瞿杰进了咨询室，双手拄着头，眉锁一线，表情十分痛苦。

我说："睡不着觉的滋味非常难受，医学家研究过，一个人如果连续一周不睡觉，精神就会崩溃，离死亡就不远了。"

"你以为是我不愿意睡觉吗？你以为一个人想睡就睡得着吗？你以为我失眠是我的责任吗？你以为我就不知道人总是睡不着觉就会死的吗？"瞿杰突然咆哮起来，用拳头使劲击打着墙壁，因为过分用力，他的指节先是变得惨白，继而充血发暗，好像箍着紫铜的指环。

我平静地看着他，并不拦阻。他需要一个发泄口，虽然我暂时还不知道导致他失眠和情绪强烈的原因是什么，但他能够如此激烈地表达情绪，较之默默不语就是一个进步。燃烧的怒火比闷在心里的阴霾发酵成邪恶的能量，好过千倍。至于他把怒火转嫁到我身上，我一点儿也不生气。虽然他的手指指点的是我，唾沫星子几乎溅到我脸上，指名道姓用的是"你"，似乎我就是令他肝胆俱碎的仇家，但我知道，这是情绪的渲染和转移，并非和咨询师个人不共戴天。

一番歇斯底里的发作之后，瞿杰稍微安静了一点。

我说："你如此憎恨失眠，一定希望能早早逃脱失眠的魔爪。"

他翻翻暗淡无光的眼珠子说:"这还用你说吗!"

我说:"那咱们俩就是一条战壕的战友了,我也不希望失眠害死你。"

瞿杰说:"失眠是一个人的事情,你就是愿意帮助我,你又有什么用!"

我说:"我可以帮你找找原因啊。"

瞿杰抬起头,挑衅地说:"好啊,你既然说要帮我,那你就说说我失眠到底是什么原因吧!"

我又好气又好笑,说:"你失眠的原因只有你自己知道,你要是不愿意说,谁都束手无策。要知道,失眠的是你而不是我。你若是找不到原因,或是找到了原因也不说,把那个原因像个宝贝似的藏在心里,那它就真的成了一个魔鬼,为非作歹地害你,直到害死你,别人也爱莫能助,无法帮到你。"

瞿杰苦恼万分地说:"不是我不说,是我真的不知道为什么失眠。"

我说:"你失眠多长时间了?"

瞿杰说:"10 天。"

我说:"在失眠的时候,你想些什么?"

瞿杰说:"什么都不想。"

我说:"人的脑海是十分活跃的,只要我们不在睡眠当中,我们就会有很多想法。你说你失眠却好像什么都不想,这很可能是因为有一件事让你非常痛苦，你不敢去想。"

瞿杰有片刻挺直了身子，马上又委顿下去，说："你是有两下子，比那些透视的 X 光、核磁共振什么的要高明一点。他们不知道我脑子里想的是什么，你猜到了。我承认你说得对，是有一件事发生过……我不愿意再去想它，我要逃开，我要躲避。我只有命令自己不想，但是，大脑不是一个好士兵，它不服从命令，你越说不要想，它越要想，这件事就像河里的死尸，不停地浮现出来。我只有一个笨办法，就是用其他的事来打岔，飞快地从一件事逃到另一件事，好像疯狂蔓延的水草，就能把死尸遮挡住了。这法子刚开始还有用，后来水草泛滥成灾，死尸是看不到了，但脑子无法停顿，各种各样的念头在翻滚缠绕，我没有一时一刻能够得到安宁，好像是什么都在想，又像是什么都不想，一片空白……"说到这里，他开始用力捶击脑袋，发出空面袋子的"噗噗"声。

我表面上镇静，心里还是有点担心，怕这种针对自我的暴力弄伤了他的身体，做好了随时干预的准备。过了一会儿，他打累了，停下来，呼呼喘着粗气。我说："你对抗失眠的办法就是驱动自己不停地想其他的事情，以逃避那件事情。结果是脑子进入了高速旋转的状态，再也停不下来。你现在能告诉我那件让你如此痛苦不堪的事情，究竟是什么吗？"

他迟疑着，说："我不能说。那是一个妖精，我好不容易才用五花八门的事情把它挡在门外，你让我说，岂不是又把它召回来了吗？"

我说："我很能理解你的恐惧，也相信你让自己的大脑不停地从一个问题跳到另一个问题，用飞速旋转抗拒恐惧。在最初的阶段，这个没有法子的法子，在短时间内帮助过你，让你暂时与痛苦隔绝。但是，随着时间的延续，这个以折磨取胜的法子渐渐失灵了。你变得疲惫不堪，脑子也没办法进行正常的思维和休息，你就进入了混乱和崩溃，这个法子最终伤害了你……"

瞿杰好像把这番话听了进去，用手撕扯着头发。我不想把气氛搞得太压抑，就开了个玩笑说："依我看啊，你是饮鸩止渴。"

瞿杰好奇地问："鸩是什么？渴是什么？"

我说："渴就是你所遭遇的那件可怕的事情。鸩就是你的应对方法。如今看来，渴还没能把你搞垮，鸩就要让你崩溃了。渴是要止住的，只是不能靠饮鸩。我们能不能再寻找更有效的法子呢？况且直到现在，你还这么害怕那件事卷土重来，说明渴并没有真正远离你，鸩并没有真正地救了你。如果把这个可怕的事件比作一只野兽，它正潜伏在你的门外，伺机夺门而入，最终吞噬你。"

瞿杰的身体直往后退缩，好像要逃避那只野兽。我握住他的手，给他一点力量。他渐渐把身体挺直，若有所思地说："您的意思是我们只有把野兽杀死，才能脱离苦海，而不是只靠点起火把敲响瓶瓶罐罐把它赶走？"

我说："瞿杰你说得非常对。现在，你能告诉我那只让你非常恐惧的野兽是什么吗？"

瞿杰又开始迟疑，沉默了漫长的时间。我耐心地等待着他。我知道这种看起来的沉默，像表面波澜不惊的深潭，水面下风云变幻，正进行着激烈的思想斗争——说还是不说？

终于，瞿杰张开了嘴巴，舔着干燥的嘴唇说："我……失……恋了。"

原本我以为让一个英俊青年如此痛不欲生的理由，一定惊世骇俗，不想却是十分常见的失恋，一时觉得小题大做。但我很快调整了自己的思绪，认真回应他的痛楚。心理问题就是这样奇妙，事无大小，全在一心感受。任何事件都可能导致当事人极端地困惑和苦恼，咨询师不能一厢情愿地把某些事看得重于泰山，而轻视另一些事情，以为轻若鸿毛。唯有当事人的情绪和感受，才是最重要的风向标。

我点点头，说："谢谢你对我的信任。失恋的确是非常令人痛苦的事情，有时候足以让我们怀疑整个世界。"

瞿杰说："我没有把这件事告诉任何人。"

我说："你不说，一定有你不说的理由。"

瞿杰说："没想到您这样理解我。您知道我为什么不说吗？"

我老老实实地回答："不知道。如果你告诉了我，我就知道了。"

瞿杰说："您看我条件如何？"

我说："你指的条件包括哪些方面呢？"

瞿杰说："就是谈恋爱的条件啊。"

我说："每一代人有每一代人的条件，我的眼光可能比较古旧了，说得不一定对，供你参考。依我看来，你的条件不错啊。"

瞿杰第一次露出了笑容说："岂止是不错，简直就是优等啊。你看我，1米83的高度，校篮球队的中锋，'卡拉OK'赛上拿过名次，功课也不错，而且家境也很好，连结婚用的房子家里都提前准备了……"

我说："万事俱备只欠东风了。"

瞿杰说："是啊，这个东风就是一位女朋友。"

我说："你的女朋友究竟是一个怎样的人呢？"

瞿杰说："人们都以为我的女朋友一定是倾国倾城的淑女，不敢说一定门当户对，起码也是小家碧玉……可我就是让大家大跌眼镜，我的女朋友条件很差，长得丑，皮肤黑，个子矮，家里也很穷，但很有个性……得知我和她交朋友，家里非常反对，我说，我就是喜欢她，如果你们不认这个媳妇，我就不认你们。话说到这个份儿上，家里也只好默许了。总之，所有的人都不看好我的选择，但我义无反顾地爱她。可是，没想到，她却在十一天前对我说，她不爱我了，她爱上了另一个人……我以前听说过天塌地陷这个词，觉得太夸张了，就算地震可以让土地裂缝，天是绝对不会塌下来的，但是在那一瞬，我真正明白了什么是乾坤颠倒、地动山摇。我被一个这样丑陋的女人抛弃了，她找到的另一个男人和我相比，简直就是一堆垃圾，不不，说垃圾都是抬举了他，完全是臭狗屎！"

瞿杰义愤填膺，脸上写满了不屑和鄙夷，还有深深的沮丧和绝望。

事情总算搞清楚了，瞿杰其实是被这种比较打垮了。我说："这件事的意义对你来说，并不仅仅是失恋，更是一种失败和耻辱。"

瞿杰大叫起来："如果说我被一个条件更好的女孩甩了，我也不会这么愤慨。或者，如果她看上的是一个条件更好的男孩，我也能咽下这口气……可您不知道那个男生有多么差，我就想不通我为什么会败在这样一个人渣手里，我冤枉啊……"

看到瞿杰把心里话都一股脑儿地倾倒出来，我觉得这是很好的进展。我说："我能体会到你深入骨髓的创伤，其实你最想不通的并不是失恋，是在这样的比较中你一败涂地溃不成军！"

瞿杰愣了一下，说："您的意思是说我的痛苦不是失恋引起的？"

我说："表面上看起来，是失恋让你痛不欲生。但是刚才你说了，如果你的前女友找的是一个条件比你好的男生，你不会这么难过。或者说如果你的前女友自身的条件更好一些，你也不会这样伤心。所以，我要说，你的失败感和失恋有关，但更和其他一些因素有关。"

瞿杰若有所思道："您这样一讲，好像也有一点道理。但是，如果没有失恋，这一切都不会发生啊。"

我说："如果没有失恋，也许不会这样集中地爆发出来，但是恕我直言，你是不是经常在和别人的比较当中过日子？"

瞿杰说："那当然了。如果没有比较，你怎么能知道自己的价值？"

我说："瞿杰，这可能就是问题的关键所在了。其实，一个人的价值并不在和别人的比较之中，而是在自己的掌握之中。就拿你自己来当例子，你的条件和十一天以前的你，有什么大的变化吗？"

瞿杰说："除了睡不好觉，体重减轻，头发掉了一些，似乎并没有其他变化。"

我说："对啊，那么，你对自己的评价有什么变化吗？"

瞿杰说："当然有了。比如我觉得自己不出色、不优秀、不招人喜爱、前途暗淡了……"

我说："你的篮球还打得那样好吗？"

瞿杰不解地说："当然啦。只是我这几天没有打篮球，如果打，一定还是那样好。"

我又说："你的歌唱得还好吗？"

瞿杰说："这个没有问题。只是我现在没有心思唱歌。如果唱哀伤的歌儿，也许比以前唱得还好呢。"

我接着说："你的学习成绩怎样呢？"

瞿杰好像明白了一些，说："还是很好啊。"

我最后说："你的个头怎样呢？"

瞿杰难得地笑出声来，说："您可真逗，就算我几天几夜不吃饭不睡觉，分量上减轻点儿，骨头也不会缩短啊。"

我趁热打铁说："对呀，你还是那个你，只是这当中发生了失恋，一个女生做出了她自己的选择……我们还不完全知道她是因为什么做出这样的决定，但你只有接受和尊重这个决定，这是她的自由。两个相爱的人由于种种原因不能走到一起，固然是一件令人伤感的事情，但感情的事情是不能勉强的。世上无数的人经受过失恋，但从此一蹶不振跌倒了就爬不起来的人毕竟有限。瞿杰，我看你面对的并不是担心自己以后找不到女朋友，而是更深层的忧虑。"

瞿杰说："您说得太对了。寝室的好友知道我失恋的事，总是说，依你这样好的条件，还怕找不到好姑娘吗？别这么失魂落魄的，看哥们儿下午就给你介绍一个漂亮女孩。他们不知道我心里的苦，我并不是担心自己以后找不到老婆，而是想不通为什么会被人行使了否决权，我觉得自己在人格上输光了血本。"

我说："瞿杰，谢谢你这样勇敢地剖析了自己的内心，失恋只不过是个导火索，它点燃的是你对自己评价的全面失守，你认为女友的离开是关上了光明之门，从此你人生黑暗。你看到她的新男友，觉得自己连一个这样的人都不如，就灰心丧气地全盘否定了自己。"

在长久的静默之后，瞿杰的脸上渐渐现出了光彩，他喃喃地说："其实我并没有失败。"

我说："失恋这件事也许已成定局，但是人生并不仅仅是爱情，还有很多重要的事情在等待着你。再说，就是在爱情方面，你也并不绝望，依然有得到纯美爱情的可能性啊。"

瞿杰深深地点头，说："从此我不会再从别人的瞳孔中寻找对我的评价，我会直面失恋这件事情……"

瞿杰还是被姐姐扶着走出咨询中心的。他因为极度的困倦已经睁不开眼睛，靠在姐姐的肩头险些睡着。大约一个半小时之后，工作人员说瞿杰的姐姐打电话找我。我以为瞿杰有了什么新情况，赶紧接过电话。

瞿杰的姐姐说："我带着瞿杰，现在还在出租汽车上。"

我说："你们家这么远啊？"

瞿姐姐说："车已经从我们家门口路过好几次了。"

我说："那你们为什么像大禹治水一样，路过家门而不入？"

瞿姐姐说："瞿杰一坐上出租汽车马上就进入了深深的睡眠，睡得香极了，还说梦话，说：我不灰心，我不怕……睡得口水都流出来了，好像一个甜睡的婴儿。这些天他睡不着觉非常痛苦，看到他好不容易睡着了，我不敢打扰他，就让出租车一直在街上兜圈子，绕了一圈又一圈，车费都快200块钱了。我怕一旦把他喊起来，他又进入无法成眠的苦海。可他越睡越深沉，没有一点儿醒来的意思，我也不能一直让车拉着他在街上跑。我想问问您，如果把他喊醒下车回家，他会不会一醒过来就又睡不着觉了？我好害怕呀！"

我说："不必担心，你就喊醒他下车回家吧。如果他还睡不着觉，就请他再来。"

瞿杰再也没有来。

# 有一种笑，令人心碎

微笑，有时不是欢乐，而是痛苦到了极致的无奈。微笑，有时不是喜悦，而是生存下去的伪装。

做心理医生，看到过无数来访者。一天有人问道，在你的经历中，最让你为难的是怎样的来访者。说实话，我还真没想过这个问题，他这一问，倒让我久久地愣着，不知怎样回答。

后来细细地想，要说最让我心痛的来访者，不是痛失亲人的哀嚎，或是奇耻大辱的啸叫，而是脸上挂着无声无息的微笑的苦人。

有人说，微笑有什么不好？不是到处都在提倡微笑服务吗？不是说微笑是成功的名片吗？最不济也是笑比哭好啊。

比如一个身穿黑衣的女孩对我说，您知道我的绰号是什么吗？我叫开心果。我是所有人的开心果。我周围的人只要有了什么烦心事，就会找到我，我听他们说话，想方设法地逗着他们快乐，给他们安慰。可是，我不欢喜的时候，却找不到一个人理我了。周围一片灰暗，我只有一个人躲在被窝里哭……

我听着她的话，心中非常伤感，但她脸上的表情却让我百思不得其解。那是不折不扣的笑容，纯真善良，几乎可以说是无忧无虑的。连我这双饱经风霜的老眼，也看不出其中有什么痛楚的痕迹。她的脸和她的心，好像是两幅不同的拼图，展示着截然相反的信息，让人惊讶和迷惑，不知该信哪一面。

我说，听了你的话，我很难过。可从你的脸上，我察觉不出你的哀伤。她下意识地摸摸自己的脸说，咦，我的脸怎么啦？很普通啊。我平时都是这样的。

于是我在瞬间明了了她的困境。她脸上的笑容是她的敌人，把错误的信息传达给了别人。当她需要别人帮助的时候，她的脸、她的笑容在说着相反的话——我很好，不必管我。

有一个男子，说他和自己的妻子青梅竹马，说他以妻子的名字办了执照，开起了自家的公司。几年打拼，积聚下了第一桶金。小鸟依人的妻子身体不好，丈夫说，你从此就在家里享福吧，我有能力养你了。你现在已经可以吃最好的伙食和最好的药，等我以后发展得更好了，你还可以戴着最好的首饰去看世界上最好的风景。再以后，你也会住上最好的房子……他为妻子描绘出美好的远景之后，就雷厉风行地赚钱去了。有一天他风尘仆仆地回到家中，妻子不在屋中。他遍寻不见，焦急当中，邻居小声说，你不是还有一套房子吗？他说，不，我没有另外的房子。邻居锲而不舍地说，你有。你还有一套房子。我们都知道，你怎么能假装不知道？男子想了想说，哦，是了，我还有一套房子。你能把我带到那套房子去吗？邻居说，一个人怎么能忙得把自己的房子在哪里都忘了呢？它不是在××路××号吗？邻居说完就急忙闪开了，不想听他道谢的话。男子走到了那个门牌，看到了自己最要好的朋友的车就停在门前。他按响了门铃，却没有人应答。

这是一栋独立的别墅，时间正是上午10点。男子找了一个合适的角度，可以用眼睛的余光罩住别墅所有的出口和窗户。然后他点燃一支烟。他狠狠地抽了半天，才发现根本就没有点燃。他就这样一支接一支地抽下去，直到太阳升到正午，还是没有见到任何动静。他面无表情地等待着，知道在这所别墅的某个角落里，有两双目光偷窥着自己。到了下午，他还如蜡像一般纹丝不动。傍晚时分，门终于打开了，他的朋友走了出来。他迎了上去，在他还没有开口的时候，那个男人说，算你有种，等到了现在。你既然什么都知道了，你要怎么办，我奉陪就是了。说着，那个男人钻进车子，飞一样地逃走了。丈夫继续等着，等着他的妻子走出门来。但是，直到半夜三更，那个女人就是不出来。后来，丈夫怕妻子出了什么意外，就走进别墅。他以为那个懦弱负疚的妻子会长跪在门廊里落泪不止，他预备着原谅她。但他看到的是盛装的妻子端坐在沙发里等他，说你怎么才来？我都等急了。我告诉你，你听不到你想听的话，但你能想出来的所有事情都发生了，你爱怎么办就怎么办吧，我们等着你……说完这些话，那个女人就袅袅婷婷地走出去了，把一股陌生的香气留给了他。他说，那天他把房间里能找到的烟都吸完了，地上堆积的烟灰会让人以为这里曾经发生过火灾。

我听过很多背叛和遗弃的故事，这一个并不是太复杂和惨烈。之所以印象深刻，是这位丈夫在整个讲述过程中的表情——他一直在微笑。不是任何意义上的苦笑，而是真正的微笑。这种由衷的笑容让我几乎毛骨悚然了。

我说，你很震惊很气愤很悲伤很绝望，是不是？

他微笑着说，是。

我恼怒起来，不是对那双偷情的男女，而是对面前这被污辱和损害的丈夫。我说：那你为什么还要笑？！

他愣了愣，总算暂时收起了他那颠扑不破的笑容，委屈地说，我没有笑。

我更火了，明明是在笑，却说自己没有笑，难道是我老眼昏花或是神经错乱了吗？我急切地四处睃寻，他很善意地说，您在找什么？我来帮助您找。

我说，你坐着别动，对对，就这样，一动也不要动。我要找一面镜子，让你看看自己是不是时刻都在笑！

他吃惊地托住自己的脸，好像牙疼地说，笑难道不好吗？

我没有找到镜子。我和那男子缓缓地谈了很多话，他告诉我，因为母亲是残疾病人，父亲在他出生后不久就把他们母子抛弃了。母亲带着他改嫁了一个傻子，那是一个大家族。他从小就寄人篱下。无论谁都可以欺负他。出了任何事，无论是谁摔碎了碗、打烂了暖瓶，无论他是否在场，都说是他干的，他也不能还嘴。他苦着脸，大家就说他是个丧门星。说给了他饭吃，他起码要给个笑脸。为了少挨打，他开始学着笑。对着小河的水面笑，小河被他的泪水打出一串漩涡；对着破碎的坛子里积攒的雨水练习笑容，那笑容把雨水中的蚊子都惊跑了。他练出了无时无刻不在微笑的脸庞，渐渐地，这种笑容成了面具。

这个故事让我深深地发现了自己的浅薄。微笑，有时不是欢乐，而是痛苦到了极致的无奈。微笑，有时不是喜悦，而是生存下去的伪装。深刻检讨之下，我想到了一个词形容这种状况，叫作——佯笑。

佯攻是为了战略的需要，佯动是为了迷惑敌人，佯哭是为了获取同情，佯笑是为了什么呢？当我探求的时候，发现在我们周围浮动着那么多的佯笑。如果佯笑出现在一位中年以上的人脸上，我还比较能理解，因为生活和经历给了他们太多的苍凉，但我惊奇地看到很多年轻人也被佯笑的面具所俘获，你看不到他们真实的心境。

其实，这不是佯笑者的错，但需要佯笑者来改变。我想，每一个婴儿出生之后，都会放声啼哭和由衷地微笑，那时候，他们是纯真和简单的，不会伪装自己的情感。由于成长过程中的种种不如意，孩子们被迫学会了迎合和讨好。他们知道，当自己微笑的时候，比较能讨到大人的欢心，如果表达了委屈和愤怒，也许会招致更多的责怪。特别是那些在不稳定不幸福的家庭中长大的孩子，他们幼小的头脑，还无法分辨哪些是自己的责任，哪些不过是成年人的迁怒。孩子总善良地以为是自己的错，是自己惹得大人不高兴了。由于弱小，孩子觉得自己有义务让大人高兴，于是开始练习佯笑。久而久之，佯笑几乎成了某些孩子的本能。所以，佯笑也不是百无一处，它可掩饰弱小者的真实情感，在某些时候为他们赢得片刻安宁。

可是佯笑带来的损伤和侵害，却是潜在和长久的。你把自己永远钉在了弱者的地位。不由自主地仰人鼻息。在该愤怒的时候，你无法拍案而起；在该坚持的时候，你无法固守原则；在合理退让的时候，你表现了谄媚；在该意气风发的时候，你难以潇洒自如……还可以列举出很多。很多年轻人以为自己的风度和气质是一个技术操作性的问题，其实背后是一个顽固的心结。那就是你能否流露自己的真实情感。

我们常常羡慕有些人那么轻松、自在、流畅和收放自如，我们不知道怎样获得这样的自由。最简单的方法就是全面接纳自己的情绪，做一个率真的人，学会和自己的心灵对话。你不可要求自己的脸上总是阳光灿烂。你不能掩盖和粉饰心情，你必须承认矛盾和痛楚。只有这样，你才能真正做驾驭自己的主人。

说回那位被背叛的男子，当他终于收起微笑，开始抽泣的时候，我觉得这是他的大进步，大成长。他的眼泪比他的笑容更显示坚强。当他和自己的内心有了深刻的接触之后，新的力量和勇气也就油然而生了。

现代商战把微笑也变成了商品，我以为这是对人类情感的大不敬。微笑不是一种技巧，而是心灵自发的舞蹈。我喜欢微笑，但那必须是内心温泉喷涌出的绚烂水滴，而不是靠机器挤压出的呻吟。

请你不要佯笑。那样的笑容令人心碎。

# 最重的咨询者

我默默地坐着，能够想象至亲的人离去，给当年的小男孩以怎样摧毁般的打击。

我猜你第一眼看到这个题目，一定以为是"最重要的咨询者"。很抱歉，不是最重要，是最重。你可能要大吃一惊，说你们的心理咨询室里还设人体秤吗？每个来咨询的客人，都要量体重吗？

并没有人体秤，我也从来没有问过来访者的体重。只是这位来访者实在太胖了，不用任何仪器，我也能断定他在我所接待过的来访者中体重第一。

他穿了一条肥大的牛仔裤，一看就是那种出口转内销的外贸尾单货，专供欧美等国特大号胖子装备的。上身是一件黄蓝相间的花衬衣，有点苏格兰格子的味道，想来是从国外淘买回来的，亚洲人难得有这样庞大的规格。他名叫武威，正在上大学三年级。

我好着呢！什么毛病也没有！武威开门见山地说。他小山似的身体将咨询室的沙发挤得满满当当，腰腹部的赘肉从沙发的扶手镂空处挤出来，好像是脂肪的河流发山洪外溢了河道。我暗自庆幸当年置办办公家具的时候，选择了不锈钢腿的沙发。若是全木质精雕细刻的，在这样的负荷之下，难免断裂。

我说，既然您觉得自己一切正常，为什么到我们这里来呢？

我问这话，不单单是一个询问策略，实实在在也是自己心中的困惑。当然了，武威的体型令人瞠目结舌，但如果当事人不觉得这是一个问题，心理师也犯不上自告奋勇迫不及待地为人排忧解难。

武威一笑，笑容有一种孩子般的天真。他说，我说我觉得自己正常，但这并不代表我的家人也觉得我正常。

我说，这么说，是家里人让你来看心理医生的？

武威说，可不是吗！他们说我太胖了，马上就要面临大学毕业找工作，像我这样的体型，会受到歧视。更甭说以后找对象结婚的事了。总之，他们让我减肥，我吃过各式各样的减肥药，喝过名目繁多的减肥茶。还尝试过针灸推拿揉肚子……

我问，什么叫揉肚子？

武威说，一种新流行起来的减肥方法，就是好几个人在你的肚子上像和面一样揉啊揉的，据说能把腹部的脂肪颗粒粉碎，这样就可以排出体外了。还有一种吸油纸，就像胶布一样贴在你想减肥的部位，大概过上一小时，就会看到那片纸变透明了，全都是油滴。

我大吃一惊。以我当过 20 年医生的经验，绝对不相信人体内的脂肪会被一张纸榨出来。

这是真的吗？我问。

武威说，有一次，我把吸油纸贴在冰箱外壳上。一小时之后，吸油纸也是油光闪闪的。

我愤然，怎么能这样骗人！

武威说，现在社会上流行以瘦为美，商家就利用人们的这种心理，大发减肥财呗。

我发现武威虽然看起来动作迟缓，但思维清晰敏捷。

我说，想必你尝试过种种减肥方法，都没效果。

武威说，您说对了一半。就我尝试过的方法，公平地说，除了吸油纸是彻头彻尾的骗术，其他的多少都有一些效果。它们之中要么使用了泻药，要么使用了西药抑制人的食欲，每次我都能成功地减肥几十公斤。

我又一次坠入雾海。若是每一次都减肥成功，那么武威目前就不会是如此庞然大物了。或者说，他以前简直重如泰山？

看到我百思不得其解的模样，武威说，是的，每一次都成功，可是，您知道反弹吗？

我说，知道。就是体重又恢复到原来的分量了。

武威说，岂止是原来的分量，更上一层楼了。我就这样，一次又一次地减肥，然后一次又一次地比原来更肥。

我觉得武威说完这句话，应该愁眉苦脸，起码也会叹一口气吧？可是，武威依然是安之若素的模样，甚至嘴角还浮现出隐隐的笑意。

我有点怀疑自己的眼神，但是，没错，武威脸上并没有任何沮丧的神气，看来，他说自己没有问题，也不是毫无根据的。但是，面对这种明显不正常的体重，还要说一切正常，这是不是正是要害所在呢？

我对武威说，我看你对自己的体重，并不觉得有什么不合适的地方。

武威好像遇到了知音，说，哎呀，您可真说到我的心里了。我并不觉得这不正常。

把一个明显不对头的事，说成正常，这也是问题啊。我说，武威，你可以有一个选择。你要是觉得自己没有一点问题，你就可以走了。你要是希望自己变得更好，咱们就来探讨一下有关问题。毕竟，你的体重超标了。这是一个事实。

武威迟疑了一下。看来，他是一个好脾气的胖子，所以，他并不想忤逆父母的意愿，就乖乖地来见心理医生了。不过，他打算走个过场，然后就照样我行我素。现在，面临选择，他费了思量。过了一会儿，他说，你说这话我愿意听——谁不愿意把自己变得更好呢？我愿和你讨论一下我的体重问题。

很好。显著的进步。武威终于承认自己的体重是一个问题了。

我说，你从小就比较胖吗？

武威连连摇头说，我小的时候一点都不胖。从12岁零3个月的时候，开始发胖。以后就一发不可控制，差不多每年长20斤。要说一个月长一斤多肉，也不是什么了不起的事，但日积月累，就成了现在的样子。

这段话初听起来，好像很普通。但我注意到了一个奇怪的数字，12岁零3个月。按说体重增加并不是突然发生的，但武威为什么把日期记得那样清楚呢？

我说，武威，当你12岁零3个月的时候，发生了什么？

武威低下头说，我不能告诉你。

我说，为什么？

武威说，因为一想起那段日子，我太悲伤了。

我说，武威，将近10年过去了，你还这样痛苦。我猜想，这也许和你的一位挚爱的人离去有关。

武威抬起头来，我看到他的眼珠被泪水包裹。他说，您说对了。我从小就和外婆在一起，她是个非常慈祥的老太太。我从她那里，得到了温暖和做人的道理。我觉得她这样好的人，是永远不会死的。可是，她得了癌症。很多人得了癌症，也都可以治疗，比如化疗什么的，就算不能挽回生命，坚持个三年五载的也大有人在。可我外婆什么治疗都不能做，从发现患病到去世，只有短短的20天。我痛不欲生，拼命吃饭，从那以后，就踏上了变胖的不归路……

我的大脑开始快速运转。按说痛不欲生的结果，通常是令人食欲大减，饭不思茶不饮的，似这般暴饮暴食胡吃海塞搞得体重骤升的，实在罕见。

我说，原谅我问得可能比较细，你吃下那么多东西的时候，想的是什么？

武威说，我想这就是纪念我外婆的一种方式。

我又一次糊涂了。祭奠亲人的方式，可能有千千万万种，但用超常的食量来思念外婆，这里面有着怎样的逻辑？

我说，你外婆一直鼓励你多吃饭吗？

武威说，没有。外婆是非常清秀的江南女子，直到那么老的年纪，都非常美丽，每餐只吃一点点饭。

我说，那么，你为什么要用吃饭悼念外婆呢？

武威陷入了痛苦的回忆。许久，他喃喃地说，也许……是因为……我听到了一句话。

我说，那是一句怎样的话？

武威用手支撑着巨大的头颅说，那一天，我到医院去看望外婆。正是中午，大家都休息了。当我路过医生值班室的时候，听到两位值班医生在说话。男医生说，13床的治疗方案最后确定了没有？女医生说，没有什么治疗方案了，就是保守对症，减轻病人一点痛苦。男医生问，干吗不手术呢？女医生答，年纪太大了，如果手术，很可能就下不了手术台，比不做还糟糕。男医生又问，那么化疗呢？资料上说，现在新的药物对这种癌症效果不错。女医生接着回答，13床太瘦弱了，化疗方案一上去，人肯定就不行了，还不如这样熬着，活一天算一天……

13床，就是我的外婆啊。

医生们的这段对话，给我留下了非常深刻的印象。我觉得外婆的死，就是因为她太瘦了，瘦到无法接受治疗，如果她胖一点，就能够战胜死神，就能一直陪伴在我身边……

武威断断续续地讲着，他的眼泪一滴滴洒落在黄绿相间的格子衬衣上，让黄的地方更黄，绿的地方更绿。胖人的眼泪也比一般人的要硕大很多，每一滴都像一颗透明的弹球。

我默默地坐着，能够想象至亲的人离去，给当年的小男孩以怎样摧毁般的打击。他以自己的方式表达着痛人心肺的哀伤，表达着对于死神的强大愤怒，表达着对外婆的无比眷念……难怪他不认为这是不正常的，难怪他在每一次减肥之后都让自己的体重升得更高。

在接下来的多次咨询中，我和武威慢慢地讨论着这些。当然，我不能把自己的判断一股脑地告诉他，而是在我们的共同探讨中，渐渐向前。

武威后来成功地减下了 50 公斤体重，成了英俊潇洒的男孩。对外婆的悼念也化成了力量，他在各方面都很优秀。

# 请从老板椅上站起来

作为一名心理咨询师，精确地判明当人们在提到死亡这一字眼的时候，其心理相应的震动幅度，是一种基本能力。

　　我是一名注册心理咨询师。

　　某次会议期间，聚餐时，一位老板得知我的职业之后，沉默地看了我一眼。依着职业敏感，我感觉到这一眼后面颇有些深意。饭后，大家沿着曲径散步。在一处可以避开他人视线的拐弯处，他走近我，字斟句酌地说：不知您……是否可以……为我做心理咨询？……我最近压力很大，内心充满了焦灼，有好几次，我想从我工作的写字楼的办公室跳下去……我甚至察看了楼下的地面设施，不是怕地面不够坚硬，我死不了……22层啊，我是物理系毕业的，我知道地心引力的不可抗拒……我怕的是地面上过往行人太多，我坠落的时候砸伤他人。也许，深夜时分比较合适？那时行人较少……

　　他的语速由慢到快，好像一列就要脱轨的火车。他的脸上布满浓重的迷茫和忧郁。他甚至没有注意到我的神色，包括是否准备答应他的请求。毕竟，这里不是我的诊所。他也不曾预约。

虽是萍水相逢，从这个短暂的开场白里，我也可深刻地感知他正被一场巨大的心理风暴袭击。

我迟疑了片刻。此处没有合适的工作环境，且我也不是在生活的每时每刻，都以职业角色出现。但他的话，让我深感忧虑和不安。我可以从中确切地嗅到独属于死亡的黑色气息。

是的。我们常常听到人们说到"死"这个词——"累死了""热死了""烦死了"，甚至——"高兴死了""快活死了""美死了"……死是一个日常生活中的高频词，它通常扮演一个夸张的形容角色，以致很多人在玩笑中轻淡了它本质的冷峻涵义。

所以，作为一名心理咨询师，精确地判明当人们在提到死亡这一字眼的时候，其心理相应的震动幅度，是一种基本能力。

如果他是一个年轻人，少年不识愁滋味，整天把死挂在嘴边，我会淡然处之；如果她是一名情场失意的女性，伴着号啕痛哭随口而出，我也可以在深表理解的同时镇定自若；但他是一名中年男性，有着优雅的仪表和整洁的服饰，从他的谈吐中，可以看出他是一个自我指向强烈的人，他不会轻易地暴露自己的内心，一旦他开口了，向一个陌生人呼救，就从一个侧面明确地表明他濒临危机的边缘。

特别是他在谈话中，提到了他的办公室高度的具体数字——22层；提到了他的物理学背景，说明他是详尽地考虑了实施死亡的地点和成功的可能性；还有预定的时间——深夜行人稀少……可以说，他的死亡计划已经基本成形，所缺的只是最后的决断和那致命的凌空一跃。

我知道，很有几位叱咤风云外表踌躇满志的企业家，在人们毫无思想准备的情形下，断然结束了自己的生命。关于他们的死因，众说纷纭，有些也许成了永远的秘密。但我可以肯定，他们死前一定遭遇到巨大的深刻心理矛盾，无以化解，这才陷入全面溃乱，了断事业，抛弃家人，自戕了无比珍爱的生命。

心理咨询师通常是举重若轻的，但也有看急诊的时候。我以为面前就是这样的关头。当事件危及一个人最宝贵的生命之时，我们没有权利见死不救。

我对他说，好。我特别为你进行一次心理咨询。

他的眼里闪出稀薄的亮光，但是瞬忽之间就熄灭了。

我知道他不一定相信我。那时心理咨询在中国是新兴的学科，许多人不知道心理咨询师是如何工作的。他们或是觉得神秘，或是本能地排斥。我们大部分人会认为，如果一个人承认他的心理需要帮助，就是混乱和精神分裂的代名词，是要招人耻笑和非议的。长久以来，人们淡漠于自己的精神，不呵护它，不关爱它。假如一个人伤风感冒，发烧拉肚子，他本人和他的家人朋友，或许会很敏感地察觉，有人关切地劝他早些到医院看医生。会督促他按时吃药，会安排他的休息和静养。但是，人们在精心保养自己的外部设施的同时，却往往忽略了心灵——这个我们所有高级活动的首脑机构。从这个意义上说，这位老板是勇敢和明智的。

他说，什么时间开始呢？

我说，待我找一个合适的地点。

他说，心理咨询对谈话地点，有什么特殊的要求吗？

我说，有。但我们可以因陋就简。最基本的条件是，有一间隔音的不要很大的房间，温暖而洁净。有两把椅子。即可。

他说，我和这家饭店的老板有交往，房间的事，我来准备吧。等我安排好了，和您联系。

我答应了。后来我发现这是一个小小的疏漏。以后，凡有此类安排，我都不再假手他人，而是事必躬亲。

看来他很着急，不长时间之后，就找到我，说已然做好准备。我随同他走到一栋办公楼，在某间房门口停下脚步。他掏出钥匙，打开房间，走了进去。我跟在他身后进屋。

房子不大，静谧雅致，有一张如航空母舰般巨大的写字台，一把黑色的真皮老板椅，给人威风凛凛的感觉。幸而靠墙处，有一对矮矮的皮沙发，宽软蓬松，柔化了屋内的严谨气氛。

"怎么样？还好吧？"老板的语句虽说是问话，但结尾上扬的语调，说明他已认定自己的准备工作应属优良等级。不待我回答，他就走到老板椅跟前，一屁股坐了下去。在落座的同时，用手点了一下沙发，说："您也请坐。沙发舒服些。我坐这种椅子习惯了。"

我站在地中央，未按他的指示行动。

我重新环视了一下四周，对他说，房间的隔音效果看来还不错，可惜稍微大了一些。

他有些失望地说，这已是宾馆最小的房间了。再小就是清洁工放杂物的地方了。

我点点头说，看来只有在这里了。希望你不要在意。

他吃惊地说，我为什么会在意？只要您不在意就成了。

我说，关键是你啊。小的隔音的房间，给人的安全感要胜过大的房间。对于一个准备倾诉自己最痛苦最焦虑的思绪的人来说，环境的安全和对咨询师的信任，是重要的前提啊。

他若有所思地沉默着。半晌，猛然悟到我还站着，连连说：我信任您，我不信任您就不会主动找您了，是不是？您为什么还不坐下？

我笑笑说，不但我不能坐下，而且，先生，请你也从老板椅上站起来。

为什么？他的莫名其妙当中，几乎有些恼怒了。我相信，在他成功的老板生涯中，恐怕还没有人这样要求过他。

他稍微愣怔了片刻。看得出，他是一个智商很高反应机敏的人，似乎意识到了什么，说道："您的意思，是不是我坐在这把椅子上，您坐在沙发上，咱们之间的距离太远，不利于您的工作？若是这个原因，我可以坐到沙发上去。"

我依旧笑着说："这是其中的一个原因，但不是最主要的原因。我要说的是——沙发也不可以坐。不但你不能坐，我也不能坐。"

这一回，他陷入真正的困惑之中。喃喃地说，这儿也不让坐，那儿也不让坐，咱们坐在哪里呢？

是啊。这间房屋里，除了老板椅和沙发，再没有可坐的地方了。除非把窗台上的花盆倒扣过来。

我说："很抱歉。这不是你的过错。我作为治疗师，应该提早到这间房子来，做点准备。现在，由我来操办吧。"

我把老总留在房间，找到楼下的服务人员，对他们说，我需要两把普通的木椅子。

他们很愿意配合我，但是为难地说，我们这里给客人预备的都是沙发软椅，只有工作人员自己用的才是旧木椅。

我看看他们身后油漆剥落的椅子说，是这种吗？

他们说，是。

我说，这就很适用。先帮我找两把这种椅子，搬到那间房子里。然后，还要麻烦你们，把那间房子里的写字台和老板椅搬出去。

工作人员很快按照我的要求行动起来。在大家出出进进忙碌的过程中，老总一直双手交叉抱在胸前。我明白这一体态语言的涵义是——"我弄不懂你的意思。我不喜欢这样折腾。有这个必要吗？"

我暂不理他。待一切收拾妥当，我伸手邀请他说，请坐吧。

现在，屋内只有两张木椅，呈 45 度角摆放着，简洁而单纯。

我坐在哪里？他挑战似的询问。

哪张椅子都可以。因为，这两张椅子是一模一样的。我回答。

他坐下，我也坐下。

当心理咨询过程结束的时候，他脸上浮现出了微笑。他说："谢谢您。我感觉比以前多了一点力量。"

我说，好啊。祝贺你。力量也似泉水，会慢慢积聚起来，直至成为永不干涸的深潭。

分手的时候，他说，如果不是你们的职业秘密的话，我想知道您为什么让我从老板椅上站起来，难道那两张普通的木椅子，有什么特殊的魔力吗？

我说，这不是职业秘密，当然可以奉告。如果我估计得不错的话，在你的办公室里，一定有类似的老板椅。一坐在上面，你就进入了习惯的角色。我坐在沙发上，在视线上比你矮。我想，通常到你的办公室请示的下级或是商议事务的其他人员，也是坐在这个位置的。这种习惯性的坐姿，是一个模式，也透露着你是主人的强烈信息。心理咨询师和来访者的关系，不同于你以前所享有的任何关系。我们不是上下级，也不是买卖和利害关系的伙伴，甚至不是朋友，朋友是一个鱼龙混杂的体系。我们之间所建立的相互平等的关系，是崭新而真诚的。它本身就具有强大的疗效。我会为你所有的谈话严守秘密，上不告父母，下不告妻儿。当然，对于一位女咨询师来说，就是不告夫儿了。这是一个专业咨询师最基本的职业道德。其中的每一个细节都要服从这一大局。

他点点头，表示相信我的承诺。若有所思片刻后他又说，沙发也是很平等的啊！一般高，不偏不向嘛！我曾提议咱们都坐沙发，可您拒绝了。沙发要比椅子舒服得多。说实话，我很多年没坐过这般粗糙的木椅了。说完，他捶了捶腰背。

问题是什么，让我细细道来。我的主管是一个没多少能力的人，可他很虚伪，特别会来事，上上下下都被他哄骗了，只有我看得出他的野心。我的计划是公开揭露他一下。先把一杯残茶泼到地上，吸引整个办公室的注意力，然后开始慷慨激昂地一吐为快。您觉得我的计划可行吗？还有什么补充的意见？

杜力

杜力：你好！

看了你的信，第一个感觉是碰到了一位现代侠客。侠客的显著特色之一就是"路见不平拔刀相助"。看来你的上司主管并没有针锋相对地虐待过你，你说他特别会来事，想必他也能看出你不是一个等闲人物，对你也会安抚有加的。你的正义感和洞察力都令人钦佩，你想揭露他，是为了让大家彻底地认识这个人，而不是出于一己的私怨。我对于你要在写字楼里揭竿而起的勇气表示钦佩。

只是在具体的行动方针上，我有几点建议。

首先，人是理性的动物，你要采取这样一个举动，目的到底是什么呢？是为了公司的发展，还是为了社会风气的整肃？是为了匡扶正义还是为了一出心中的恶气？也许你还有很多的出发点，这就只有你自己最清楚了。我有一个小小的推论——你不会是为了表现"众人皆醉我独醒"的超群智慧吧？

在人的众多欲望中，追求卓越是根本的出发点之一。这本无可厚非，但有的时候，我们会在它的指引下，采取鲁莽和过激的行动。所以，当你有时被非常强烈的冲动驱使着想做一件事的时候，不妨喝上一杯冰水，（其功效和用冷水浇头的力量差不多，只是在写字楼里，喝冰水是可以接受的，但用冷水浇头，落汤鸡似的出现在办公桌前，就有点不伦不类了。）然后安静地想一想，追问一下自己的目的究竟是什么？只有搞清楚了目的，你才会找出最相宜的处理方法啊。比如你是不忍心看到主管的行为给公司的根本利益带来损失，你可以直接和更高一级的领导对话，坦诚地谈出自己的看法，当然你要言之有据，不可以只是感情用事把主管的人品贬斥一番就万事大吉了。还要动之以情晓之以理，因为按照常理，公司的高层比你要更加关心公司的发展和前景，理由很简单，他们的薪水比你高，和公司的利益更加息息相关。

其次，你要把自己的底线搞清楚。你的选择是会带来后果的，你现在有选择的自由，但你也要做好准备为自己的选择付出相应的代价。你说大家都被你的主管蒙骗住了，这样在某种程度上，你还是比较孤立的，算得上是一个独行侠了。如果你的行为得不到大多数人的理解，你又和主管的关系搞得很僵，从上到下的舆论可能就会一边倒，不是接受你，而更多的是主管在得分了。那样的话，很可能你就要面临被炒鱿鱼的后果，对这样的结局，你可有足够的心理准备？如果你打算破釜沉舟在此一搏，当然可以披荆斩棘昂首向前，如果你还没有做好最坏的准备，就要考虑得更缜密周全一些。

对于你把残茶泼在地上，然后慷慨激昂地一吐为快的方案，我基本上可以同意后半部分（如果你已忍无可忍的话），而对前半部分的摔杯行为持斟酌态度。我不知道你们的办公室地面是花岗岩还是木地板，但不管是何种材料，泼上带有枯叶的褐色汁水，都是一番污浊景象。一不留神，可能还会摔个大马趴。义无反顾时不一定要把水泼到地上，当然我明白这是你在做一个宣言，表示自己覆水难收的决心，但真正的勇敢其实不在于声音的大小和举动的决绝，而更在于坚守原则的执着。

还有一种可能的办法，我有点吃不准说出来你会不会骂我，既然你如此相信我，我也就开诚布公了。那就是其实你也可以和主管做一个交流。反正你已经做好了破釜沉舟的准备，为什么不可以和这个肇事的源头来个当面锣、对面鼓地敲打一番呢？有的时候，最危险的地方往往也是最安全的。你说主管讨好任何人，表面上看起来群众基础很牢固，其实内心很可能是自卑而且虚弱的，只有虚弱的人，才特别热衷于讨好他人。面对一个虚弱而八面玲珑的人，最好的策略是开诚布公和勇敢。你可以把自己的要求和希望说清楚，看看他是不是会有所转变？最起码也要让他知道，你已洞若观火，请他好自为之，保持限度。我不敢打包票说一定会有效果，但你若有兴趣，不妨历练一下。比起残茶泼地，这种处理方法可能对你的考验和挑战更大一些，结局也可能更出人意料。古代有句话，叫作"重剑无锋"，侠客，你可愿一试？

毕淑敏

# 穿宝蓝绸衣的女子

有的人以为凡是表达情感就是软弱，要把情感隐蔽起来，这实在是人的一个悲剧。

在咨询室米黄色的沙发上，安坐着一位美丽的女性。她上身穿着宝蓝色的真丝绣花 Y 领上衣，衣襟上一枚鹅黄色水仙花状的水晶胸针熠熠发亮，下着一条乳白色的宽松长裤，有一种古典的恬静花香一般弥散出来。服饰反射着心灵的波光，我常常从来访者的衣着中就窥到其内心的律动。但对这位女性，我着实有些摸不着头脑。她似乎很能控制自己的情绪，安宁而胸有成竹，但眼神中有些很激烈的精神碎屑在闪烁。她为何而来？

您一定想不出我有什么问题。她轻轻地开了口。

我点点头。是的，我猜不出。心理医生是人不是神。我耐心地等待着她。我相信她来到我这儿，不是为了给我出个谜语来玩。她看我不搭话，就接着说下去："我心理上挺正常的，说真的，我周围的人有了思想问题都找我呢！大伙儿都说我是半个心理医生。我看过很多心理学的书，对自己也有了解。"

她说到这儿，很注意地看着我，我点点头，表示相信她说的一切。是的，我知道有很多这样的年轻人，他们渴望了解自己，也愿意帮助别人。但心理医生要经过严格的系统的训练，并非只是看书就可以达到水准的。

她说："我知道我基本上算是一个正常人，在某些人的眼中，我简直就是成功者。有一份薪水很高的工作，有一个爱我，我也爱他的丈夫，还有房子和车。基本上也算是快活，可是，我不满足。我有一个问题——就是怎样才能做到外柔内刚？"

我说，我看出你很苦恼，期望着改变。能把你的情况说得更详尽一些吗？有时，具体就是深入，细节就是症结。

宝蓝绸衣的女子说，我读过很多时尚杂志，知道怎样颔首微笑、怎样举手投足。您看我这举止打扮，是不是很淑女？我说，是啊。

宝蓝绸衣女子说，可是这只是我的假象。在我的内心，涌动着激烈的怒火。我看到办公室内的尔虞我诈，先是极力地隐忍。我想，我要用自己的善良和大度感染大家，用自己的微笑消弥裂痕。刚开始我收到了一定的成效，大家都说我是办公室的一缕春风。可惜时间长了，春风先是变成了秋风，后来干脆成了西北风。我再也保持不了淑女的风范，开业务会，我会因为不同意见而勃然大怒，猛烈攻击我看不惯的人和事，有时还会把矛头直接指向我的顶头上司，甚至直接顶撞老板。出外办事也是一样，人家都以为我是一个弱女子，但没想到我一出口，就像上了膛的机关枪，横扫一气。如果我始终是这样也就罢了，干脆永远做怒目金刚也不失为一种风格。但是，每次发过脾气之后，我都会飞快地进入后悔的阶段，我仿佛被鬼魂附体，在那个特定的时辰就不是我了，而是另一个披着我的淑女之皮的人。我不喜欢她，可她又确确实实是我的一部分。

看得出这番叙述让她堕入了苦恼的渊薮，眼圈都红了。我递给她一张面巾纸，她把柔柔的纸平铺在脸上，并不像常人那般上下一通揩擦，而是很细致地在眼圈和面颊上按了按，怕毁了自己精致的妆容。待她恢复平静后，我说，那么你理想中的外柔内刚是怎样的呢？

宝蓝绸衣女子一下子活泼起来，说，我给您讲个故事吧。那时我在国外，看到一家饭店冤枉了一位印度女子，明明道理在她这边，可饭店就是诬她偷拿了某个贵重的台灯，要罚她的款。大庭广众之下，众目睽睽的，非常尴尬。要是我，哼，必得据理力争，大吵大闹，逼他们拿出证据，否则绝不善罢甘休。那位女子身着艳丽的纱丽，长发披肩，不温不火，在整个两小时的征伐中，脸上始终挂着温婉的笑容，但是在原则问题上却是丝毫不让。面对咄咄逼人的饭店侍卫的围攻，她不急不恼，连语音的分贝都没有丝毫的提高，她不曾从自己的立场上退让一分，也没有一个小动作丧失了风范，头发丝的每一次拂动都合乎礼仪。

那种表面上水波不兴骨子里铮铮作响的风度，真是太有魅力啦！宝蓝绸衣女子的眼神中充满了神往。

我说，我明白你的意思了，你很想具备这种收放自如的本领。该硬的时候坚如磐石，该软的时候绵若无骨。

她说，正是。我想了很多办法，真可谓机关算尽，可我还是做不到，最多只能做到外表看起来好像很镇静，其实内心躁动不安。

我说，当你有了什么不满意的时候，是不是很爱压抑着自己？宝蓝绸衣女子说，那当然了。什么叫老练，什么叫城府，指的就是这些啊。人小的时候天天盼着长大，长大的标准是什么？这不就是长大嘛！人小的时候，高兴啊、懊恼啊，都写在脸上，这就是幼稚，是缺乏社会经验。当我们一天天成长起来，就学会了察言观色，学会了人前只说三分话，未可全抛一片心。风行社会的礼仪礼貌，更是把人包裹起来。我就是按着这个框子修炼的，可到了后来，我天天压抑着自己的真实情感，变成一个面具。

我说，你说的这种苦恼我也深深地体验过。在阐述自己观点的时候，在和别人争辩的时候，当被领导误解的时候，当自己一番好意却被当成驴肝肺的时候，往往就火冒三丈，也顾不得平日克制而出的彬彬有礼了，也记不得保持风范了，一下子义愤填膺，嗓门也大了，脸也红了。

听我这么一说，宝蓝绸衣的女子笑起来说，原来世上也有同病相怜的人，我一下子心里好过了许多。只是后来您改变了吗？

我说，我尝试着改变。情绪是一点一滴积累起来的，我不再认为隐藏自己真实的感受是一项值得夸赞的本领。当然了，成年人不能像小孩子那样，把所有的喜怒哀乐都写在脸上，但我们的真实感受是我们到底是一个怎样的人的组成部分。如果我们爱自己，承认自己是有价值的，我们就有勇气接纳自己的真实情感，而不是笼统地把它们隐藏起来。一个小孩子是不懂得掩饰自己的内心的，所以有个褒义词叫作"赤子之心"。当人渐渐长大，在社会化的过程中，学了把一部分情感埋在心中，在成长的同时，也不幸失去了和内心的接触。时间长了，有的人以为凡是表达情感就是软弱，要把情感隐蔽起来，这实在是人的一个悲剧。

我们的情感，很多时候是由我们的价值观和本能综合形成的。压抑情感就是压抑了我们心底的呼声。中国古代就知道，治水不能"堵"，只能疏导。对情绪也是一样，单纯的遮蔽只能让情绪在暗处像野火的灰烬一样，无声地蔓延，在一个意想不到的地方猛地蹿出凶猛的火苗。把这个道理想通之后，我开始尊重自己的情绪，如果我发觉自己生气了，我不再单纯地否认自己的怒气，不再认为发怒是一件不体面的事情，也不再竭力用其他事件分散自己的注意力。因为发自内心的愤怒在未被释放的情况下，不会像露水一样无声无息地渗透到地下销声匿迹，它们会潜伏在我们心灵的一角，悄悄地发酵，膨胀着自己的体积，积攒着自己的压力，在某一个瞬间，毫不留情地爆发出来。

如果我发觉自己生气了，会很重视内心的感受，我会问自己，我为什么而生气？找到原因之后，我会认真地对待自己的情绪，找到疏导和释放它们的最好方法，再不让它们有长大的机会。举个小例子，有一段时间我一听到某种口音心中就烦，经常和带那种口音的人发生摩擦。终于有一天，我决定清扫自己这种恶劣的情绪。我挖开自己记忆的坟墓，抖出往事的尸骸。那还是我在西藏当兵的时候，一个带该口音的人莫名其妙地把我骂了一顿，反驳的话就堵在我的喉咙口，但想到自己是个小女兵，他是老兵，我该尊重和服从，吵架是很幼稚而不体面的表现，就硬憋着一言不发。那愤怒累积着，在几十年中变成了不可理喻的仇恨，后来竟到了只要听到那种口音就过敏反感，非要吵闹才可平息心中的阻塞。造成了很多不必要的误会。

宝蓝绸衣女子听了，说，哦，我受到一些启发。外柔内刚的柔只是表象，只是技巧，单纯地学习淑女风范，可以解决一时，却不能保证永远。这种皮毛的技巧，也许会弄巧成拙，使积聚的情绪无法宣泄，引起在某种场合失控。外柔需要内刚做基础，而内刚不是从天上掉下来的，是靠自己不断地探索。

我说，你讲得真好，咱们都要继续修炼，当我们内心平和而坚定的时候，再有了一定的表达技巧，就可以外柔内刚了。

# 送给艾滋病人的礼物

那天，我们谈了很久……

一天半夜时分，我被电话惊醒。

那是一个陌生男子的声音，他说，你不认识我，但请你不要挂电话。我好不容易找到你，我是一个艾滋病人。

我说，不要开玩笑。你肯定是我的朋友，只是我一时想不起你是谁。很抱歉，请快快报上你的姓名。

他报上了姓名，完全不曾听过。

他接着说，我真的是一个艾滋病人，现在住在北京信安医院，我需要你的帮助。

直到这时，我才完全从睡梦中清醒，知道自己需要用从未有过的耐心和相宜的反应，与一个未曾谋面的人交谈。

那天，我们谈了很久。

因为不能谈以前，我更多地谈到将来。

后来他跟我说，跟一个艾滋病人谈论他三五年、十年八年以后的事，这是你送给我的最好的礼物。

# 提防你的心理医生

如果临床心理学让人几乎弄不懂，那不是普通人的过错，是心理学家的耻辱。

谁都不是谁的女娲石，离了谁，天都不会总是漏着。

女娲是补过天的。当初笼罩万物不可一世的苍天，都曾漏过，还有什么事情不可以有缺憾呢？世界上还有什么事情值得惊讶呢？

每个人头上都有自己的一方天，我们的天也会漏，漏下风雨，漏下冰雹，甚至还会漏下鲜血，漏下妖魔。漏了就要补，自己炼出五彩石，去补自己的天。

悦纳自身。这是一条安身立命的法则。珍惜你的智商，但不要无限度地挥霍。就算你有盖世的聪慧，如果宣泄渠道太多的话，才华必涣散。你还记得激光吗？凝聚为那样锐利的一点，才能达到极高的速度。

无论是科学还是人文，它们的出发点和最终归宿，永远都应该是对生命的挚爱。

我觉得有三门科学和生命靠得最近。一个是医学，这是不言而喻的。还有一个是心理学，这几乎也是不言而喻的。心理学和医学，是与每个人都密切相关的科学。你可能要说，哪一门科学和人类不是密切相关呢？如果从宏观层面来说，的确每一门科学都和我们息息相关，但细分起来，比如研究遥远的太空白矮星，就和普通人关系不大；比如研究远古时代就灭绝了的某一种恐龙，也和今天很有隔膜。心理学和医学就不同了，每个人都沉浸其中，你逃不掉、躲不开。

还有一个是文学。文学就是人学，这是一句几乎说滥了却千真万确的话。滥话有时是真理的通俗版。

我有幸学习了这几门科学。最好的科学，就应该始终贯穿着对生命无与伦比的尊重和喜欢，就应该传递一种春风拂面的感觉。可以有顿挫，但必定要保持着和正常体温一样的和煦温暖，不可以冷血，不可以佶聱难懂，不可以炫目。殊不知，所有的心理现象都发生在活生生的人身上。心理学必须和实际非常紧密地结合，真正对人们的心理健康有裨益，否则就是屠龙之术、纸上谈兵。

深奥的心理学学说，应该低下晦涩的头，以大众能够听得懂、用得上的方式，进入寻常百姓家。从本质上讲，心理学同医学一样，都是人学，每一个人都和这门科学息息相关。如果临床心理学让人几乎弄不懂，那不是普通人的过错，是心理学家的耻辱。理论和拗口的术语并不是一回事，理论是必要的，它应该给我们带来新的思路和信息，但拗口的术语与现实脱离就是隔靴搔痒。术语通常是一种权力象征，有人之所以要喋喋不休地不断喷吐术语，意在强调自己的权力。不要把心理学变成高高在上的玄学。

在物理技术的威胁之外，心理技术的威胁通常被忽略了。也许比原子弹的存在更为危险的，是导致人性堕落的心理技术。

所以，有的时候，要提防你的心理医生。心理医生并不是万能的，也并不都是好人。像世界上的任何一个行当一样，心理医生这行当，也必有败类，你可要当心。

# 不幸福的根源

# 你知道大脑里有"哑区"吗

整合你的无意识，将散兵游勇训练成骁勇征战的兵丁，是你的
职责。否则，你就永远是它们的奴仆……

人们日常活动的 90% 来自习惯和惯性。改变它们的动力，
藏在我们的潜意识里。不要急，心理的洁净，也要渐次完成。

潜意识的力量更需要和谐统一。它们原是一群乌合之众，
是在你不能控制和无察觉的状态中占据了你的大脑皮层，生生
不息。有一部分还是集体无意识，简直就是神秘地潜藏在你的
基因中，如同你的相貌一般，与生俱来。除了照单接受，你别
无选择。

无意识是一个黑暗的王国，却在 90% 以上的时间里主宰
着我们。难道你不想进入这个王国，看看它的疆域和版图吗？
即使没有阳光，也要有火把。实在什么都没有，有萤火虫的微
光，也强似在黑暗中盲人瞎马夜半深池。

整合你的无意识，将散兵游勇训练成骁勇征战的兵丁，

是你的职责。否则，你就永远是它们的奴仆，无甄别地听从它们的号令，那你可就惨了。

在你的内心深处探索并确定它们的真正爱好和需求，引导你的行为和意识达到高度的完整和协调，你的力量将迸发光芒。

特别信服弗洛伊德关于潜意识的理论。按照这个理论，在我们的身体里面，还住着一个黑暗王朝，它就是我们的潜意识。它蹲踞在幽暗中，既是庞然大物又虚无缥缈。当年做医学生的时候，听老师讲解大脑皮层的构造。哪一个区域是管嗅觉的，哪一个区域是管语言的，都分得清清楚楚。不过，仔细看过去，却又心生疑问。将所有已知的区域都计算下来，并不能覆盖整个大脑皮层，还有很多区域，不知道是干什么用的。我问导师，余下的这些地方是管什么的？导师说，那些地方叫作"哑区"。就是在普通的研究中，找不到它们具体管辖的功能。如果你的大脑里长了个肿瘤，假若长在语言中枢，我们平常叫作"布洛卡区"的地方，就算脑外科医生成功地取出了你的肿瘤，可是你却从此不能说话了，你丧失了语言的功能。如果肿瘤长在哑区，切除之后，表面上看，这个人并不会发生明显的改变……这就是哑区名称的由来。

真的是这样吗？我心生疑惑。大脑乃寸土寸金之地，哦，不，用寸土寸金哪能表达大脑的金贵？简直就是"寸土寸钻"

才勉强相当。要害之处哪能容得这般荒芜寂寥呢？

临床医生们在为患者的脑瘤长在"哑区"而欢欣鼓舞之时，并不负责解答哑区是干什么用的这个问题。

我至今没有找到潜意识和哑区关系的确凿表述。资料常常说"我们的大脑中还有90%的区域没有开发"。同时又看到另外的说法，就是"我们的显意识大概只占人的整个能量的10%，其余的90%都属于潜意识，在我们的意识之外存在着"。

这两个90%之间，有没有什么冥冥之中的缠绕？

允许我做一个大胆的推测。大脑中没有什么哑区，所有区域都在发出自己的声音，只是我们有的能听到，有的听不到。哑区中住着我们的潜意识。你虽然没有听到它的声音，它却没有一时一刻是沉默的。它用自己的方式强大地影响着我们的情感和行为，只是我们自己还蒙在鼓里。

也就是说，如果你真的把自己的潜意识调适好了，把它们整顿和领导起来，你和你的自我意识达成高度的协调，你就走在了趋向完美的道路上，你就渐渐掌握了异乎寻常的能力。其能量的强大威力，会让我们惊喜不已。从前有个成语，叫作"以一当十"，总觉得那是夸张。就算真有这般悬殊，恐怕也是拿彪形大汉和弱不禁风的衰人相比，他们或许在体力上有些分别。现在用于潜意识被开发出来之后的结果，这个账就好算了。显意识只占10%，成就了此刻的你。如果把潜意识中90%

的能量都发挥出来，当然就是九倍的勇气和智慧，你就真正地"以一当十"了。咱们共同为这一天而努力吧。

而心理治疗的神秘之点，就在于影响个案潜意识的心理模式，包括其价值观和行事法则的渐变或是突变。潜意识的重组，才能促成对方有效而持久的进步。

# 分泌幸福的"内吗啡"

常常听到有人说，他不幸福，希望别人给他幸福。我想，这就是他不幸福的根源。

我曾看过一则新闻：英国有家报社，向社会有奖征答"谁是最幸福的人"，然后排出第一种最幸福的人，是一个妈妈给孩子洗完澡、怀抱着婴儿；第二种最幸福的人，是一个医生治好了病人并目送他远去；第三种最幸福的人，是一个孩子在海滩上筑起了沙堡；备选答案是，一个作家写完了著作的最后一个字，放下笔的那一瞬间。

看完这则不很引人注目的报道，那一瞬间，我真的像被子弹打中一样，感到极度震惊——这四种状况我都曾经历过，但是，我没有感觉到幸福！

我为什么没有幸福感？有了这个问号后，我就去观察周围的人，这才发现，有幸福感的人是如此之少。有一年，我拿出贺卡看了看，结果发现最多的是"祝你幸福"，这可能是中国人的集体无意识，所以才会觉得是永远的吉祥话。

可是，幸福的本质是什么东西呢？

日本春山茂雄博士的《脑内革命》一书说，当我们感知幸福的时候，其实是生理在分泌一种内吗啡，即幸福感来自体内内吗啡的分泌。从罂粟里提炼的吗啡是毒品，它的魔力正是在于它的分子结构模拟了生理基础上的内吗啡，让你体验到一种伪装的、模拟的快乐。当你觉得真正快乐的时候，例如接到大学录取通知书时，如果去抽血查验体内的生化水平，你的内吗啡水平是增高的。

据春山茂雄研究，人体内吗啡的分泌，和马斯洛"需求层次"的金字塔理论惊人地吻合：吃饭能带来愉悦，人在生理基础上是快乐的；然后，在实现安全、爱和尊严的需要的过程中，伴随着更大量的内吗啡分泌，让你感知自己的幸福；最重要的是，当你完成自我实现的时候，内吗啡就达到非常高的水平，远远超出吃饭带来的幸福感。

这种生理和心理的结合，使我觉得，能够体验到幸福感，是一个需要训练、感知且不断提高的过程，因为幸福不是与生俱来的。

我觉得世界上的幸福，首先来自一个坚定的信念。

我常去高校和大学生交流，给我最多的感觉是，他们面临一个非常重要的问题——人生观的确立和价值观的走向，即人为什么活着。

经常有媒体采访我的心理咨询中心，最喜欢提的问题是："咨询最多的问题是什么？"我说，心理咨询室这张米黄色的沙发如若有知，一定会一次次地听到来访者在问："我为什么活着？"我觉得人是追索意义的动物，尤其是年轻人，都曾经无数次叩问这个问题。

以前，我们喜欢用灌输式的方法，从小将主义、理想或目标灌输给孩子，希望能够在他心中扎下根，成为他一生的坐标。可我现在发现，一个人的目标，一定需要他自己经过艰苦的摸索，然后在心理结构里确立下来，否则，无论我们多么用心良苦、谆谆教导，它真的只是一个外部的东西。

其实，每个人都早早地确立了一生的目标，因为它原本已存在于你的内心：从童年经验开始，你所热爱、尊敬、向往、要为之奋斗的东西，其实早已植根于心里，只不过被许多世俗的东西、繁杂的外界所影响，甚至被遮蔽了。当一个人开始有意识地关注自己的心理健康，那是在清理他的心理结构，然后明白心中取得最主打作用的架构和体系。

我曾在一所非常好的大学做讲座，台下有学生递条子说："毕老师，我想问问您，我年轻貌美，又有这么好的大学文凭，要是不找一个大款把自己嫁了，我是不是浪费了资源？"我想，在大学生寻找目标的迷茫过程中，能够有这种朋友式的探讨，是特别重要的。

另外，我觉得自我形象的定位，是幸福感来源非常重要的一部分。

在大学生自我形象的构建里，有一部分是他们的"出身"（阶层）：他们从各种阶层突然聚合到一起，大学虽是个相对小的、封闭的环境，却也是整个社会的缩影，因此，如何看待自己不可选择的出身阶层，是自我形象非常重要的部分。另一部分是他们的学业，包括学习能力、智商水平、人际交往能力等，可归为自己奋斗来的部分。

然而，还有特别重要的一部分，就是外在条件——长相。

我曾在一所大学做关于自我形象、自我认知的讲座，请台下的学生回答：你们有谁曾经为自己的长相自卑？结果齐刷刷地举手——所有的人都自卑！

我当时一下子不知该如何反应：没料到当代年轻人在相貌问题上，居然有如此大的压力。

后来，我悄悄问一位女生，问她为自己相貌的哪一点自卑，我实在找不着——她身材窈窕、黑发如瀑、明眸皓齿、肤如凝脂，真的是美女。

她说，我有一颗牙齿长得不好看。

我说，哪颗牙齿？

她说，第六颗牙齿。

我说，谢谢你告诉我，否则站在对面看你一百年，我也看不见你那颗牙齿不好。

她说，你不知道，可是我知道。我不敢笑，从来都是抿着嘴只露出两颗牙齿。同学都说我多"冷"、多高傲，其实，我只是怕人看到第六颗牙齿。男生追求我的时候，我就想，我一颗牙齿不好他还追求我，肯定是别有用心，于是放弃了好几个条件很好的男生。

我觉得，当一个人不能接纳自己，不能和自己友好地相处的时候，他就不能和别人友好地相处。因为，他对自己都那么百般挑剔、那样苛刻，又怎能和别人有真诚的、良好的沟通与关系？

其实，我挺欣赏这样的说法：接受你不可改变的那一部分。像出身的阶层、长相及缺陷，这些是我们不可改变的，而我们能够去修炼、弥补和提高的，就是我们可改变的那一部分。

面对一个我们不可改变的东西，该如何对待它，每个人的答案是不一样的，而这个不一样的答案，却可能深刻地影响我们的一生。比如，一个人认为自己丑，就认定自己完全不会幸福了，觉得自己既然这么丑，有什么权利得到幸福？一个人说他很贫寒，为什么别人可以含着银汤匙出生，而他却含着草根出生？

面对种种不平等，我常跟年轻人说，不平等是社会有机的一部分，而让它变得更为平等，是你义不容辞的责任之一。

首先，你要丢掉幻想，坦然接纳不公平、巨大的差异或先天不良。然后，对于自己可改变的部分，你就要细细地分析，找出自己的优缺点，是优点就让它更好，是缺点就要去弥补，尤其要突出优点，把自己光彩照人的方面表达出来。

我们的心理咨询中心来过一位留英硕士，月薪十二万元，可他将自己说得一无是处，弄得我都心酸。我才知道，一个人接不接纳自己，其实不在于外在的条件，也不在于世俗的评判标准，而完全在于他内心的衡量框架。

我通常咨询完了不会给谁留作业，但那天我说，我给你留个作业：下星期来见我之前，你要写出自己的 15 条优点。

他快晕过去了，说，我怎么能找到 15 条优点呢？至多也就找出一两条。这个世界上，可能只有您相信我还有优点，我父母就不相信我有优点，所有人都不相信我有优点！

我说，你老板起码相信你有优点吧，否则怎会出月薪十二万元雇你？

他突然在这个事实面前愣了半天，然后说，噢，那我试试看。

所以我觉得，应该去认识自己的长处，将它发扬光大，去接纳那些不可改变的东西。当你能够坦然地面对自己的时候，其实也就可以坦然地面对世界——放下包袱后，你才可以轻装前进。

费尔巴哈说过："你的第一责任是使你自己幸福。你自己幸福了，你也就能使别人幸福，因为，幸福的人愿意在自己周围只看到幸福的人。"

常常听到有人说，他不幸福，希望别人给他幸福。我想，这就是他不幸福的根源。

# 洞见黑暗，是为了感受阳光 [①]

真正的幸福其实并不昂贵，可是我们为冒牌的幸福付出的代价却十分昂贵。

**记者：** 今年 6 月 26 日正值"国际反毒品日"十周年，读了您的新作反毒小说《红处方》，深受启发。世界上没有哪个国家像中国这样因为毒品先后打了两次战争，如果没有它，中国的近代史将会重写。

　　但是，实事求是地讲，除了战争与战争带来的百年耻辱，我们中国人对毒品的认识还很肤浅。请您介绍一下您写作的初衷，您所思考和要解答的问题是什么？

**毕淑敏：** 作为一名作家，我还曾当过二十多年的医生，因此，对有关人的生命问题非常关注。《红处方》这部小说，五六年

---

① 本文发表于 1997 年，为"国际反毒品日"《三联生活周刊》对毕淑敏的访谈录，记者高昱。

前我已经开始准备。我有位多年的战友在一家医院主管戒毒。我们在一起聊起了她从事的独特职业，聊起了毒品和吸毒者。我有一个最想不通的地方，客观地讲，自然界已经没有什么东西能够战胜人，现在已经到了呼吁人类保护大自然的时候了。而罂粟是一种草本植物，能开出蓝色、红色、紫色、白色等绚丽多彩的花朵。土生土长，自生自灭。比人类的历史都悠久。任何一种动物，不管是老虎、骆驼还是马，都与罂粟相安无事，可偏偏非凡的人类怎么会把它制造成这样一个足以毁灭人自己的魔鬼？财富，在毒雾中灰飞烟灭；人，在毒雾中灰飞烟灭。难道我们栖息的这个小小星球不会蹈此覆辙吗？

对人而言，有天灾，有人祸。天灾是由自然界操纵的，而毒品则是人祸，完全是人登峰造极制造出来的一个白色陷阱。尽管各国对禁毒斗争前所未有地一致拥护，但毒品依然像山火一样四处蔓延，这里面究竟有什么属于人的误区，这个人间悲剧是怎么发生的？这正是我们需要探究的。

**记者**：您的意思是说，植物是无可指责的，是人类利用了罂粟，而不是罂粟利用了人。您曾到戒毒医院与吸毒者和医生促膝长谈，您有什么所见所闻？在您看来，戒毒者与健康人，与普通医院的病人相比有什么不同之处？

**毕淑敏**：我去的戒毒医院不多，但窥一斑可见全豹。戒毒医院大多建在景色幽静的郊外，有些像疗养院，但一个突出的特点是，进入病房区往往需要经过好几道大铁门。病人不得外出，不准打电话，与外界严格隔绝。

病房区并没有普通医院的安静，不时从病室里传出令人毛骨悚然的嚎叫，音调像野兽逃窜时凄厉，但又分明是人的声音，饱含着焦躁、痛苦、迷乱和绝望。有时还有突然爆发的吵闹与破口大骂。我第一次去戒毒医院，回到家里告诉我的先生："我今天听到的脏话比我一辈子听过的加起来还多，不由得自己就想骂谁。"

和吸毒者在一起，我经历了一个由震惊到厌恶，再到怜悯的心理过程。吸毒者尽管手无缚鸡之力，却非常能说，语言生动，甚至妙语连珠，而且乐于给你讲他们的精彩故事。只要你有耐心，就可以写出一本新编《聊斋志异》。我马上就被他们的故事深深震撼和吸引。

他们的故事是我们陌生的，曲折、怪异、凶残、大喜大悲，让人有一种对恐惧的探求欲。他们把自己吸毒描述得如何无辜，可是一谈起吸食后的感觉又不由得眉飞色舞；他们总是像阿Q一样夸耀自己曾经如何富过、阔过，吸毒吸走了百万家产、轿车别墅，渲染自己过去如何风流倜傥，曾得众多才子佳人围追堵截。一个二十多岁，已似行尸走肉的小伙子连四层楼都上不去了，却总是拉着我问认不认识某某女歌星、女影星，说她们都是被他甩过的。他自称他的目标就是如何把一个个少妇拉到自己怀里。

这些吸毒者的故事都够拍电视连续剧了，但是后来医生告诉我，他们说的大部分情节都是虚构的。

他们实际上都是在追求一种不劳而获的虚伪幸福，这是一种变态的妄想人格。他们骗别人，更是在骗自己，但这种欲望带给他们的灾难性后果却是千真万确的：肩不能扛、手不能提，倾家荡产，骨瘦如柴，人格堕落。一位护士告诉我，吸毒者的一个重要特点，就是异常冷漠，除了看见毒品时眼放金光，对其他美好亲切的东西、对人之为人的尊严和情感都漠不关心，甚至包括死。对瘾君子来说，生活极其简单，除了吸毒就是找毒。

极端冷漠还不足以构成吸毒者惯有的矛盾性格。在戒毒医院，我发现他们经常莫名其妙地谩骂不止，或者没有任何前奏地像武打电影一样噼里啪啦地打起来。有一次就发生在我面前，我当时完全没有反应过来，大脑里只觉一片空白。什么东西都可以拿来当武器，椅子、体重秤，还有输液瓶，针头还扎在手背上也不管，拿起来就砸。我眼看着一位医生头部被击中，抢回去缝了二十多针……这真是一群变态、畸形、与我们不同的另一类人，他们生活在另一个世界里，那里只有罪恶、丑陋、欺骗和黑暗。

**记者：**听说您经过深入采访与思考，对吸毒的原因有了比较深刻的理解？

**毕淑敏：**每个人最初吸毒的诱因不尽相同，但却有共同的生理和心理基础。用文学的语言来说，追求幸福和快乐，是每个人不言自明的权利。我们说人是物质的，人的情绪也有其内在的物质基础。科学研究表明，当人类内心充满喜悦、幸福等良性感觉时，大脑桥脑部的蓝斑里，就积聚起一种奇特的物质，我们称其为"内啡肽"。蓝斑是人的幸福中枢，这内啡肽就是幸福的物质基础，谁拥有了它，谁在这一时刻就拥有了幸福。科学家对从动物脑部提取的内啡肽进行分子结构分析后发现，在它的中心碳原子上，连有一个芳香环、一个哌啶环和一个苯环。而吗啡碱与内啡肽在分子结构上非常相似，也同样具备中心碳原子的芳香环、哌啶环和苯环。当吗啡、鸦片、海洛因等进入人体后，受骗的脑神经迅速产生幸福感。当然，这是一种模拟的幸福、虚妄的幸福。另一个重要诱因是人的好奇心。人的这一天性可以带来创造和神奇，也能带来灾难。

**记者：**好奇的人们发现幸福原来可以如此轻易地获得。于是乐不思蜀，不知地狱之门已吱吱洞开。

**毕淑敏：**人体是一架高度精密、井然有序的机器，有一套我行我素的反馈机制和自我调节平衡的功能。瘾君子在遮天蔽日的伪幸福中，首先停止了自身内啡肽的生产，丧失了自制幸福物质的能力，就像遭受陨石雨的土地，再也长不出庄稼了。同时，肌体具有强大的适应能力，可以迅速对外来物质产生耐受力，使瘾君子不得不一再增加剂量。到了后来，他们就会像一匹疲倦病弱的老马，彻底丧失了对幸福的感受，不管是真幸福还是伪幸福。

但毒品又不是召之即来、挥之即去的仆人，它已深深参与到肌体内部，你中有我，我中有你，牢不可破。所以，一旦停用毒品，无比痛苦的戒断症状足以把人的意志力击得粉碎。吸毒者本来从寻找幸福开始，结果他们一拐弯走入了地狱。为了避免这炼狱般的折磨，他们只能继续吸毒。最后的结果只有一个，就是死亡——吸毒过量、并发症，或虚脱致死。毒品为害之烈，更在于吸食后就难以戒掉。戒毒包括生理戒毒和心理戒毒，从生理上戒断并不困难，但吸毒曾经带来的人间极乐却使吸毒者无法忘怀，这就是心瘾。在戒毒医院的病房走廊，经常可以看到形容枯槁、面如死灰的戒毒者来回游荡，一次次推开主任办公室的门，双手作揖哀求医生打一针杜冷丁。有的戒毒者怕把持不住，把毒品用胶布贴在头发里，放在鞋垫里、胸罩里，甚至苹果里，企图蒙混过关。更有意志不坚者，耐不住，在夜里撬开上锁的窗户，把床单和病号服打上结，一头拴在暖气片上，一头顺到楼下，偷跑出去找"白面"。

**记者：**复吸率高确实是戒毒面临的最大难题。国际上复吸率高达 95%，我国也在 90% 左右，有个瘾君子曾创戒毒 60 多次的纪录。按理说，戒毒者最清楚毒品带来的痛苦，脱瘾后自当改过自新，为什么仍然逃不脱毒品的诱惑呢？

**毕淑敏：** 这些问题说起来很复杂，但最关键的一点，是他的心理状态和生活环境并没有真正得到改善。一方面是因为吸毒对生理机能的破坏无法彻底得到恢复，另一方面是虚幻的价值观一旦建立，难以从根本上得到纠正。毒品实际上在给人提供一种忘却：忘却身边的烦恼，进入一种虚幻世界。吸毒者往往没有能力用创造和劳动赢得幸福和对于人最为宝贵的尊严，毒品帮助他们轻而易举地逃避到虚幻的快乐世界里。应该说，这种逃避和忘却是一种更根本性的诱惑。

**记者：** 还有毒品产生和推销的环境，也在构成诱惑。因为暴利的原因，毒品成为商品市场中很重要的商品，一方面是崇高的戒毒，另一方面是肮脏的毒品商的全球营销，这也是一场灵魂的争夺战。

**毕淑敏：** 确实如此，因为毒品可获暴利，有人就要拼命地种毒、制毒、贩毒，千方百计地扩大它对人的诱惑，扩大暴利的成果。在这种情况下，我们戒毒，拯救那些深受毒品之害的吸毒者，光依靠崇高、正义、人道已远远不够，应该对毒品与戒毒有一种新的认识。

**记者：** 能否深入介绍一下您的思考？

**毕淑敏：** 也许有一天，这世界能发明一种彻底戒掉毒瘾的药品，使人的意志力能在海洛因面前有资格自豪一下，但现在还没有。我以为，从根本上斩断毒源，一是应该从制度上摧毁毒品的交易链，二是应该主动地寻找消除毒品对人的影响的办法。以一种科学的手段，比如以一种抗体来对付另一种抗体。

**记者：**这是您的《红处方》的主题么？

**毕淑敏：**小说对于戒毒肯定是无力的，它只能提供一种对比和对照。真正的幸福其实并不昂贵，可是我们为冒牌的幸福付出的代价却十分昂贵。从这一点来说，人是很愚蠢的。《红处方》的目的是让读者洞见黑夜里的苦难与悲哀，反过来感受阳光下的温暖与明亮。如果大家都明白了这个道理，我们的努力也就没有白费。

# 是劳累而非舒适，让我们充分满足

*世上没有不劳而获的事情，对幸福愉悦的感受也是如此。*

脑研究专家认为，是劳累而非舒适，让人们有充分的满足感。

我是医生出身，相信所有的感觉都不是空穴来风，一定都有生物学的表达形式。如果我们目前还不能确认此事，那是我们还没有找到，并不等于它不存在。比如满足感和幸福感，一定是有其物质基础的。就是精神，在我们的头脑中，也一定有其复杂的形态呈现着。科学家已经初步分析出来了，幸福感的内分泌物质就是内啡肽。

也许很多人对这个东西感到陌生。这种事情讲起来有一点怪异，某个东西一直存在于我们肉身之内，强大地主宰着我们的幸福感和满足感，我们却对此几乎一无所知。这不是比在小学寝室中住着一位哲学大师，还让人不可思议吗？！

然而真实就是这样令人惊诧的可怕。

我从 1995 年开始写小说《红处方》，算是国内比较早地关注戒毒题材的小说。其实，在这之前很久，我就很好奇：人为什么要吸毒？

纳闷啊！这有百害而无一利的行为，却是如此地蛊惑人心、泛滥成灾！要知道在中华民族的历史上，有过"第一次鸦片战争"，还有"第二次鸦片战争"。这充满屈辱的经历，让中华民族的子孙至今心存创痛。为什么还有人会一而再，再而三重蹈覆辙，自投罗网到鸦片这个魔王的手心呢？

其中一定有强大的悖论，困扰着我们的祖先，也困扰今天误入歧途的人们。

我开始搜集各方面的资料。那时候，戒毒还是一个神秘而敏感的话题，资料也很有限，有些只能阅读，并不外借。我同图书馆的有关人员商量，能不能在阅览室中午闭馆休息的时间，将我锁在阅览室内，这样，我就能够充分利用时间，多看一些资料。

图书馆的同志有些犹豫，吞吞吐吐地说，这样做，有一个问题……

我生怕人家不允许，就赶快说，我知道那时阅览室里空无一人，你们怕图书丢失。这样吧，我临出馆的时候，你们可以搜身，我绝不会认为这是对我的不信任或侮辱什么的，我愿意接受这种条件。

图书馆的同志说，不是这个问题。我们相信您。问题是，您中午不出馆，到哪里吃饭呢？

我说，谢谢你们想得这样周到，我可以带一点饼干什么的，干吃面嚼嚼也可以。请你们放心我的民生问题，我自会解决。

那位同志和蔼地微笑了，说，我考虑的还不是您的民生问题，是阅览室里不可以吃东西。因为那样会污染了图书。

我连忙说，对不起，我忘了这个非常重要的方面。谢谢您提醒了我。我向您保证，我在阅读期间，绝不吃任何东西。

这回轮到她担心了，说，您要是从早饭后到晚上回家，一点东西都不吃，会不会低血糖啊？

我说，不要紧。我以前在西藏当过兵，吃过很多苦，拉练中一天吃不上东西，是常有的事。您尽可以放心。

我们就这样说定了，在此后的阅读中，我真的做到了滴水不进粒米不沾牙，似乎也并不觉得饥渴。

在大量的阅读中，我明白了毒品对人类的致命诱惑，来自它的结构和内啡肽的高度相似。

当我们快乐的时候，身体里会产生内啡肽。这是一种奇妙的物质，让我们可以抵抗哀伤，掀起兴奋的波涛，让我们创造力勃发，充满爱心和光明感……内啡肽的好处还有很多，比如可以对抗疼痛、振奋精神、缓解抑郁等。我相信每个人都有内啡肽高度分泌的时刻，那会让我们感到无以名状的喜悦和欢欣。

看到这里，大家要说，既然内啡肽这么好，要是能经常保持在这种状态就好了。

这是一个美好的愿望，但也潜藏着深刻的危险。这就是内分泌的规律，它电光石火般闪现，到了该撤退的时刻，就义无反顾地消退，并不让我们持续在激昂状态。它有张有弛劳逸结合，分泌的规律十分巧妙。

我听一个长跑运动员说过，在跑马拉松的过程中，有一个奇妙的点。在那个点之前，你感到非常疲惫；一旦越过了那个点，身体就又会充满了活力，你又会感到振奋。当然了，可能没有人在长跑运动员的行进途中，分阶段地抽取血液，查看他们体内内啡肽的浓度。不过可以推断出的是，内啡肽的分泌大致经历了几个阶段：激烈运动开始，肌肉群做出了本能的反应。它们感到持久运动和强力收缩带来的不适和生化反应，迅速报告给体内的中枢机制。身体先是用疲惫感通知你，它不喜欢这种活动，因为这让身体付出得太多了。你的意志表示要坚持，坚定不移地告诉身体，这样做是有意义的，你将坚定不移地进行下去。我们以前说过，身体是很善解人意的，它们看到提醒没有效力，便掉转船头，开始全力以赴支持你的决定。这时候，内啡肽就应运而生，开始活跃地分泌出来，它要帮助你渡过难关。此刻，拐点出现了，你不再感到奔跑的痛苦，反倒感觉前所未有地轻快起来。(运动员还会反复经历痛苦和坚持的过程。请原谅，所有例子都会有局限性。)

当你终于赢得了胜利，站在高高的领奖台上，听到国歌奏起，无数闪光灯聚焦在你的身上时，内啡肽一定汹涌澎湃倾巢而出，你会感到前所未有的骄傲和狂喜在激荡。

这就是内啡肽的分泌规则，凡人概莫能免。也许在经过训练的运动员那里，身体感到痛苦的节点会比较轻松地越过，想来他们对这个过程了如指掌。

也许有人会说，我也不是运动员，如何知道自己的内啡肽什么时候高度分泌呢?

这很好掌握。当你由衷地感到发自内心的快乐的时候，内啡肽就是活跃而充盈的。

有人说，我快乐的时光很少啊，是不是内啡肽就很微薄呢?

不乐观地说，真有可能就是这种情况。当我们抑郁的时候，内啡肽就变得十分稀薄。抑郁症的发病原因，至今还没有完全揭示出来，其中很有力量的一派学说，就是认为人体内的内啡肽和其他激素比例失调。

人生有高潮也有低谷。当我们享受到了内啡肽给予的快感之后，那种留恋和期待是可以理解的。正确的方式是，不断地形成正面的机制，让内啡肽的分泌进入一个良性循环。

打个比方说，如果科学活动能够让你的内啡肽高度分泌，当你再度进入这样的工作状态的时候，就会感到非常愉悦，沉浸在自我欢乐的海洋中。当然了，这种愉悦，并不是时时刻刻都一定是探索成功了，而是这个充满了未知的过程让你着迷，在前无古人的领域中摸索前行，你被好奇和惊喜感激励着。固然也有失败和沮丧，但你有一个坚定的目标，就会无所畏惧地一直向前。我们常常听到术业有专攻的人士说，他在从事这项工作的时候，并不感觉辛苦，而是感到了巨大的幸福。我深深地相信他们说的是肺腑之言。一项工作，如果带给人的只是苦难，就很难自发地、恒久地坚持下去。我相信大自然会给我们一个回报，这就是身体的配合，神奇的内啡肽正是自我奖励的勋章。

上面说的是正面例子，有没有不同的反面方式，也刺激着我们的内啡肽高度分泌呢？

有啊。比如，有的人一到哀伤的时候，就会饕餮一顿，然后就不那么伤感了。我相信饮食刺激了他的内分泌系统，内啡肽也起了作用。究其原因，这样的人，往往在孩童时就从父母那里接受了一个规律。孩子一哭起来，也许是病了，也许是感到害怕，也许是冷了、孤独了，忙碌的家长第一个反应是——这孩子是不是饿了？马上给他喂食。或孩子哭了闹了惹人烦了，为了图清净，赶紧拿出一些好吃的，说，乖乖，你去自己吃东西吧，爸爸妈妈还有事呢！一来二去的，几乎所有的矛盾都可以用"吃东西"来化解，久而久之，幼小的孩子就形成了一个习惯，遇到问题，先吃一顿。尤其不开心的时候，大吃一顿引起内啡肽的分泌，让人比较洽然。进食就成了很多人简便易行的紧急救命法宝。

有一个妈妈曾经同我说，孩子病了，人打蔫了，她不是拿体温表测体温，也不是检查孩子身上有没有伤痕或其他异常的征象，她的第一个动作是蹿到厨房，端过来孩子最爱吃的红烧肉。要是孩子一见了肉，就停止呻吟大口吞吃，她就松了一口气。这孩子没什么问题，就算是生了病，也是小病，没什么了不起的。要是孩子不肯吃肉了，她才会重视起来。吃饭是试金石，比什么医生诊断都管用。这位妈妈很自信地做了结论。

可以想见这位妈妈的孩子长大后，很可能会把吃东西放在压倒一切的地位上。因为在吃的时候，他会强力分泌内啡肽。

同样的例子还可以举出一些。比如有的女子一遇到不开心的事，就会去逛街，狂买一堆乱七八糟的衣物。过后，大部分衣物都用不着，压了箱底，成了"购物狂"的证据。我认识一个这样的女生，每逢失恋，就去购物。后来，她指着衣橱里色彩斑斓的衣服说，这件茄子紫的是和第一个男友分手后买的，这件骆驼黄的是和第二个男友分手后买的，这件蛤蟆绿的是第 N 次失恋后买的……我听得目瞪口呆，指着崭新的衣物问她，这些衣服你穿过吗？她拨浪鼓一样摇着头说，没穿过，一次也没有穿过。我问，那这些衣服得花多少钱啊？她说，没算过，大约总有上万元了吧。我说，那以后你还会穿这些衣服吗？她说，我才不会穿呢！一穿就会想起伤心的往事，不是自找没趣嘛！我心疼地说，这多浪费啊，多不值啊。她凤眼一瞪，说，毕阿姨，这您就有所不知了。这些衣服虽然我不曾穿过，但这个钱花得值。因为我当时非常痛苦，几乎难以自制。到街上花出一大笔钱，抱着满怀的衣服回家，我就有了一种满足感，我的不快乐就渐渐地消散了。从这个角度讲，我这些钱花得值。要不然，把我给憋病了，一万块钱都用来买药，没准儿还医不好我的病呢！

我不再出声，明白自己又碰上了一个内啡肽在特殊情况下分泌的例子。

其实，我们只要下点功夫，就会找到自己这种快乐物质分泌的小秘密。

有的人用旅游和运动来促使内啡肽分泌，这是个不错的方法，不过，要量力而行。

如果说用吃饭和花钱来织成自己的内啡肽分泌网，虽有欠缺之处，毕竟结局还不是太悲惨。大不了是自己的瘦身计划一次又一次地泡汤，或者是自己存不住钱，后果基本上还在可控范畴之内。如果异想天开地人为追求大量摄入使人快乐的物质，就会卷入药品依赖的黑旋涡。

自然界有一种妖娆的花，叫作罂粟。从罂粟浆汁中，可以提炼出一种物质，这种物质进一步提纯，就成了吗啡。你可能会发现，吗啡和内啡肽都有一个"啡"字。是的，它们的分子结构很近似，是近邻。

吗啡进入人体，就起到了内啡肽的作用。只是这种啡肽，不是身体内部精细地产生出来的自给自足的分泌物，而是外界进入的超大剂量的作用强烈的刺激物。

你可能要说，那不是让人感觉非常快乐吗？

我要非常诚实地说，在开始阶段，的确是这样的。

这一个阶段最具欺骗性。因为吸食毒品的人，有种种心理上的不健康，他们或是自视甚高感到孤独；或是家庭事业种种不如意，正处在命运的凹陷处；或是结交了一批损友，气氛诡谲，虚无颓废；或是……

总之，这些人对人生多持怀疑、消极或是狂妄态度，对种种有关毒品的宣传教育，充满了嘲讽的逆反心理。当刚刚吸食毒品的时候，并没有即刻感到毒品的害处，反倒欣喜异常，于是沉浸其中，以为自己不会中毒，是一个幸运的例外。

世上没有不劳而获的事情，对幸福愉悦的感受也是如此。

你不付出艰苦的努力和辛勤的探索，就想坐享其成，并且贪得无厌，索要更大的感官享受，必将受到惩罚。这种假冒伪劣的幸福感是不能持久的。

适宜强度的劳动会产生内啡肽，这是一条定律。如果总是闲适，机体分泌不出足量的内啡肽，就会影响健康。从这个意义上讲，劳动不单是光荣的，而且是必需的。

为自己培养出健康的内分泌习惯，是现代人的精神课题。

# 在生活中排序的艺术

不要给自己太多的负担，因为心理的能量，并不像我们想象的那样多。

 

人如果能够区分事情的轻重缓急，生活就变得简单多了。

我有个很笨的毛病，就是在一段时间内只能做一件事。这让我非常佩服那些可以同时拿着几部电话，做出不同指示和表情的人。

我想天下有此禀赋的人，毕竟是少数。况且他们这样三心二意的结果，在短时间内是可以的，长久下去，比如几十年之后，会不会罹患某种重疾，也不是我们现在就可以预料到的。所以，为普通人的健康和长治久安考虑，我觉得还是老祖宗传下来的"一心不可二用"比较安全。

可我们生活中的实际状况是——经常好几件重要的事，肩并肩地挤进你家门。比如孩子要高考，工作已经限定了最后的日期，家中又来了亲戚需要关照，还有一个朋友在离婚关头，没完没了地要找你倾诉……

怎么办呢?

生活的艺术,在某种程度上,就是排序的艺术。把所有的事情捋一捋,标上个一二三四,实在顾不到的,只有在第一时间说"不",这既是对自己的尊重,也是对他人的尊重。

比如上面列出的困境,依我看,第一是孩子高考,因为高考是人生的关键时刻。这个阶段,孩子无论在身体上还是心理上,都比较脆弱。孩子对来自母亲方面的态度,会非常敏感。我是很看重家庭的女子,对我来说,我会毫不犹豫地把孩子的需求放在第一位。当然了,孩子考上大学以后,排序就有可能发生变化。因为他已成年,需要自己独立面对更多的事情了。

关于工作,我会暂时放在第二位。因为这世界上如果你不来做决定,就天塌地陷翻江倒海的工作,毕竟是极少的(除非你是 CEO。我这里打比方的都是凡人琐事,不适用于举足轻重的人物)。我一直很欣赏一句话,叫"地球离了谁都照样转动"。我想,对于地球来说,这句话是千真万确的;对于工作来说,基本上也可以成立;但对于一个孩子来说,离开了母亲的悉心照料,结局可能有很大不同,很可能"离了妈妈就不再转动"。

说到这儿,关于工作的事还没完呢。除了尽力而为,可以如实向上级领导汇报自己的困境，请求加大四面八方支援的力度。这样，就可以把对工作的影响减至最小。

对于家中来的亲戚，恐怕直言相告是个比较好的法子。当然了，要是丈夫家的亲戚，首先要在家庭内部统一看法，过好丈夫这一关。坦诚交流，让丈夫明白不能留亲戚住，并不是不给他家人面子，此刻顾不上，待日后从容时再来补偿。千万不能自家闹起矛盾，后院失火，就雪上加霜了。家里和谐了，口径统一了，才好一致对外。对亲戚们委婉说明，正处于孩子高考的非常时期，家中需要安静，接待照料可能会有不周之处，并非不好客、不欢迎，实在是心有余而力不足。然后附上一笔比较丰厚的礼金，请亲戚们到别处安顿。应允待高考完，一定隆重款待，补上这次的遗憾。

有人可能会质疑这法子的有效性。说实话，我也觉得并非都能达到满意的效果。因为有些乡下的亲戚，满怀热望地来投奔你，你家是他们唯一的落脚点。碰到这种情形，难免失望，牢骚满腹，会说你忘了亲情。我完全能理解这种情绪，只是世上的事并无万全之策。

按照以上思维，考虑诸事顺序，并非定论。每个家庭的情况不同，每个人的终极目标也不一样。比如一个以卓越的道德行为挺立于世，绝对将众人的利益放在高于一切位置的人，很可能把孩子的高考退到比较次要的地位，而是工作第一、他人第一。

其他的选择顺序也是完全成立的。按照你的价值体系，将纷乱的局面做整理与安排就好。哪个在前哪个在后悉听尊便，倒是并没有一定之规。

好了，回到咱们的话题。现在，我们将面对那个哭哭啼啼的婚变中的女友。我觉得这可能是让人很困惑的一个决定。我的意见是，坚定地说"不"。有点绝情，是吧？但在此非常时刻，只有快刀斩乱麻。

依我的经验，恋爱和婚变中的女人，有千沟万壑的倾诉愿望，她们的电话可以在最猝不及防的时刻闯进你的耳鼓，完全不顾及你的情绪。最善解人意的女子，在这样的情形之下，也变成了自说自话的扰人精。你几乎把所有规劝的话都说尽了，她却置若罔闻，没一丁点效用。或是此刻好像奏效了，转瞬之后，就土崩瓦解，一切又从头开始。最后你变得筋疲力竭，她却越战越勇，几乎成了你的索命三郎。

怎么办呀？我的经验是，如果你有足够的时间和耐力，陪伴着友人走过生命的泥泞沼泽，未必不是一件大功德。但是如果你的时间非常窘急，又面临着前述种种间不容发的境况，如果你真的没有精气神儿来应对这一艰巨任务，就不妨明示。

后果很可能是严重的。这种状况之中的女友，很敏感，很脆弱。她先是会不理睬你的"安民告示"，一如既往地袭扰你。当你再次重申自己的决定时，她会非常哀伤以致愤怒，口不择言……对此，你可要有充分的思想准备。最坏的情况，是她激烈地指责你的寡情，或者是一把鼻涕一把泪地哀告……

这种情况如何处理，你可能需要事先准备好预案。动摇只会使情况更复杂，但坚持决定，又要忍受自我谴责的压力。不过，只要你坚持下来，情况就会有很大的改观。况且，这也并不是对危难中的女友薄情寡义。每个当事人都须自己负起责任，而不是专注于倾诉却不做决定，折磨自己也折磨他人。

以上局面，是闺蜜们常常面对的情形，选择也是多项的。也许还有更好的方式，不妨互相交流。我的话是引玉之砖。

无论有多少时间，假如你无所选择地抛洒，总会感到入不敷出。无论多复杂的局面，假如你能定下心来选择，总能理出一个头绪。

不要给自己太多的负担，因为心理的能量，并不像我们想象的那样多。如果太分散了，十指扪蚤，哪个也逮不住。

# "决定"的特点是理性

不确定感造成的焦虑远比已经发生的事造成的焦虑可怕。

即使我已经这样老了，当我进入不熟悉的领域和人群的时候，当我做出某个前所未有的决定时，仍然体验到强烈的不安。

心脏跳得很快，喉头有一种咸腥的感觉，好像有一些鲜血已经在那里渗出……这很像我当年在海拔 5000 米的雪山上攀爬时的身体反应。我很想退避，找出种种冠冕堂皇的理由，尽量成功地掩饰自己的脱逃。

不过，我知道这是一种惯性，我可以理解身体的种种不适，是本能以这种不舒服来提醒我慎重决定。我会和这种感觉达成共识，更仔细地斟酌自己的立场。到了该做决定的时候，我便会冲破这种不适感的包绕，镇定向前。

决定是愿望和行动之间的小巷。人一旦彻底地体会到愿望，就会面对决定或是选择。有的人以为可以借着拖延来逃避决定，等待环境和别人做出决定。有的人无法决定是否结束关系，就以冷淡回避的方式，来迫使对方做出决定。这样以消极的方式做决定，会使自己看不起自己。

"决定"的特点是理性。决定的后果会进入你的生存系统，你要预知决定会带来的动荡。有些人做决定靠的是机缘和直觉。但仅仅有机缘和直觉是不够的，理性要参与其中。

许多人无法做出关键的决定来改变自身，是因为潜意识往往强烈地相信，如果改变的话，会有某种灾祸降临。改变其实没有那么危险，想象中的灾难都是意志的敌人，认清这些对灾难的幻想，这个过程本身或许就能使人感觉到，这些恐惧是多么脱离现实，于是恐惧会逐渐消除。

不确定感造成的焦虑远比已经发生的事造成的焦虑可怕。人有的时候要变成自己的考古学家，探索自己的遗址。生活中最先获得的感觉之一就是恐惧。这是远古的礼物，那个时候的人，如果不知道恐惧，早就让狮子老虎霹雳严寒收拾成了渣滓，哪里还轮到现在说短论长。人刚从母腹降生，基本上尝到的也是恐惧的感觉，因为陌生，因为寒冷，因为突如其来的无拘无束。

和恐惧达成一个协议：你可以存在，甚至永远存在。但你不能主导我的决定，永远不能。

# 查查你的归属感

归属，是人的第二生命。

心理学家阿德勒说过："人最大的需求就是归属的需求。"

如果你觉得自己乱成一团百无一用，很大的可能就是在这上面出了问题。归属，这是太不可忽视的内心需求。尤其是小孩子，如果他没有培养起正常的归属感，一生都会摇摆飘零。

有人四处走动，是为了寻找一个温暖的地方留下。有人不断告别，是因为没有谁能挽留他的脚步。有人不断超越，只因为受梦想的指引无法止息。

归属，是人的第二生命。这一点是早期人类社会遗留给我们的集体无意识，你无法抗拒啊。

当然了，从那时到现在，许多年过去了，我们已经不怕被踢出一个山洞无法生活，但恐惧依然强大地存在于我们的每一个细胞之中，甚至能彻底动摇我们的自信。比如发言恐惧，就是常见的例子。很多人以为这毛病是胆子小，其实不然。人们尽可能地不在集体场合发言，以避免被人视为异类，就是归属感缺失的孑遗之一。因为如果你说出的话和众人不符，你就等于宣战。

# 心理测验的批发商

人们充满了好奇。就算有人对外部世界不好奇，对自己也难逃好奇之箭。

常常听到朋友们说，嘿！我刚做过一个心理小测验，分析结果说我是怎样的人，实际上我并不是那样的人。从此，我就不相信心理学了。觉得尽骗人，和江湖上算命的差不多。

也有朋友说，我做过一个小测验，那真是太准了。以后，我只要看到报刊上有这类测验题，都会兴致勃勃地拿来做，还迫不及待地推荐给别人。好玩不说，真是灵验啊。

这类大致以"看穿你的心"为名的小测验，如烂漫山花，弥漫四周。类似巫师发出的咒语，具有蛊惑人心的魔性。

我从来不做这类测验题，不是因为斟酌它灵或不灵，只是觉得一门严肃的科学，被随意拿来消遣，如同把殷墟的甲骨，砸碎了煎汤，太轻慢。

有的测验，说你想象自己正在画画。画的是什么？国画？油画？山水风景？美人？佳肴？萝卜白菜？信笔涂鸦？抽象挥洒？你可知它们说明了什么？

有的测验，假设大家正在等电梯。你是一直仰头看着表示楼层的数字，还是不耐烦地频频揿着按钮，要不干脆利用这个时间，欣赏一下同样苦等电梯的人的衣饰？

人们充满了好奇。就算有人对外部世界不好奇，对自己也难逃好奇之箭。谁不想知道在三千烦恼丝包裹的颅骨中，栖息着怎样的奥秘？它在暗中支配着你的一颦一笑，操控着你的命运舵轮，你不能对它一无所知。假若年老，生命之纸已然破旧，涂了很多若明若暗的图谱，余下的天头地脚也不宽裕了，不找也罢。年轻人则更希望多了解自己。未来对于他们，具有更柔软的可塑性。

某天，碰到一位美丽女子，长发飘飘。她妩媚一笑说，我和您是同行。

我这半辈子从事过好几种职业，一时不知道她指的是哪一行。

问，你是军人吗？是内科医生吗？或是作家？要不你开了心理诊所？

她笑笑说，都不是。

我纳闷道，那咱们同的是哪一行呢？

她说，我编心理小测验。

我说，原来报刊上登的那种心理小测验，都是你编出来的。

她很谦虚地说，不敢当。哪能都是我编出来的呢？我一个人没有那么大的能量。

我说，你在哪里读的心理学课程呢？

她第三次笑了，说，我没有读过心理学课程。如果我真读了相关的课程，很可能就不敢接这活儿了。

我纳闷，你的这种测验，是怎么编出来的呢？

她看了看四周，很神秘地说，如果是别人问我，我就不告诉他。因为尊敬您，所以，全盘告知。

我一下子有点紧张。凡是听到人谈到秘密的时候，我的第一个反应就是想上厕所并且有点害怕。要是将来一旦秘密泄露了，岂不要担干系？

美丽的女子坦言道，您不用怕，其实这也是半公开的诀窍。一般的人，以为是先编好了测验的故事，再来确定答案，其实，不然。是先设计好了不同的人会有怎样不同的反应，然后再来设计前缘。

我说，能举个例子吗？我还是不大明白。

美丽女子说，比如，人们面对突然的巨响，会有不同的判断和应对模式。谨慎而且惜命的人，首先想到的是安全问题和自保；勇敢和喜爱助人的人，首先想到的是一探究竟和挺身而出；教条和僵化的人，很可能麻木和迟钝，不能审时度势；胆小如鼠的人，当然是惊慌失措和打哆嗦了。先把各种人不同的反应方式找到，然后再反推回来，设计出相应的情境，不是就水到渠成了吗？这样即可顺势编一个心理小测验：春天，你和朋友们正在郊外空旷的草地上用餐，突然电闪雷鸣并且听到野兽的吼叫，你会采用哪种方式：

A. 堵起耳朵，哭泣，瘫倒在地。

B. 用身体掩护朋友，说，不要慌，有我呢！说着拿起一根粗壮木棒，警惕地四处巡查。

C. 一句话也不说，撒腿就跑，看到不远处有一个土坑可以藏身。

D. 抬头看看天，佯作镇定地说，临来之前我查了资料，天气晴朗，这一带没有大型野兽。不必害怕。


按照刚才咱们前面说到的逆推理法，相应的分析很容易完成，不过举手之劳。

我目瞪口呆，说，就这么容易？

美丽女子说，这还算比较复杂的呢。有时候，简单的心理小测验，我一天能编出十多条呢！一条能赚几百块钱，你可以算算收入。我真要感谢喜欢心理学的人，他们爱看，报刊才会登，我拿了稿费，才有余力买漂亮的裙子。

　　我试探地问，如果我把你的创作过程告诉更多的人，你会不会断了生意？

　　她爽快地说，不会。总有人喜欢神秘又无法验证的东西，我就是一个心理测验的批发商。

# 再选你的父母

重要的是你在这个游戏中，重新认识了你的父母，你在弥补你童年的缺憾，你在重新构筑你心灵的世界。你会发现自己缺少的东西、追求的东西到底是什么。

我猜很多人一看到这个题目的名字，就大不以为然，甚至愤愤然了。觉得毕淑敏是不是昏了头，父母是可以再选的吗？中国是孝之邦，身之发肤受之父母，戴德还表达不尽，岂容再选？我的父母是天下最好的父母，让我重选父母，这不是逼人不孝吗！若是父母已驾鹤西行，这题目简直就违背天伦。

请您相信我，我没有一丁点想冒犯您的意思，也不是为了震撼视听哗众取宠，实在是为了您的心理健康。

父母可不可以批评？我想大家理论上一定承认父母是可以批评的。即使是伟人，也有这样那样的错误和缺点，我们的父母肯定不是完人，当然也可以讨论。可实际上，有多少人心平气和地批评过自己的父母并收到了良好的回馈，最终取得了让人满意的效果呢？我能客观地审视父母的优劣长短得失沉浮吗？我相信愤怒青年可以大吵一架离家出走，但这并不代表他能公允地建设性地评价父母。也许有人会说，那是历史了，有什么理由在很多年后，甚至在父母都离世之后，还议论他们的功过是非呢？

我想郑重地说，有。因为那些历史并没有消失，它们就存在我们心灵最隐秘的地方，时时在引导着我们的行为，操纵着我们的喜怒哀乐。

父母是会伤人的，家庭是会伤人的。当我们还是孩子的时候，我们无力分辨哪些是真正的教导，哪些只是父母自身情绪的宣泄。我们如同酒店里恭顺的小伙计，把父母的话和表情还有习惯和嗜好，如同流水账一般记录在年幼的脑海中。他们是我们的长辈，他们供给着我们的吃穿住行，在某种程度上说，我们是凭借着他们的喜爱和给予，才得以延续自己幼小的生命。那时候，他们就是我们的天和地，我们根本就没有力量抗辩他们，忤逆他们。

你的父母塑造了你，你在不知不觉中重复着他们展示给你的模板，你是他们某种程度的复制品。分析他们的过程其实是在分析你自己。

请你准备一张白纸，让思绪和想象自由驰骋。在白纸上方写下你的名字，左边写上"再选"二字。现在，纸上的这行字变成了"再选××"，你在这行字的右面写上"的父母"三个字。

"再选××的父母"。我敢说，也许在此刻之前，你从来没有想过可以把自己的父母炒了鱿鱼，让他们下岗，再自行招聘一对父母。请你郑重地写下你为自己再选父母的名字。


父：_____

母：_____


我猜你一定狠狠地愣一下。虽然我们对自己的父母有过种种不满，但真的把他们淘汰了，你一定有目瞪口呆之感。你要挺住啊，记住这不过是一个游戏。

谁是我们再选父母的最佳人选呢？你不必煞费苦心，心灵游戏的奥妙之处就在于它的一闪念之中。你的潜意识如同潜藏深海的美人鱼，一个鱼跃，跳出海面，露出了它流线型的身躯和嘴边的胡须。原来，它并非美女，也不是猛兽。关于你的再选父母的人选，你把头脑中涌起的第一个人名写下就是了。

他可以是英雄豪杰，也可以是邻居家的老媪。可以是已经逝去的英豪，也可以是依然健在的大款。可以是绝色佳人，也可以是末路英雄。可以是动物植物，也可以是山岳湖泊。可以是日月星辰，也可以是布帛菽粟。可以是一代枭雄，也可以是飞禽走兽。可以是自己仰慕的长辈，也可以是弟弟妹妹和同学……总之，你就尽量展开想象的翅膀，天上地下地为自己选择一对心仪的父母。

你再选的父母是什么类型的东西（原谅我用了"东西"这个词，没有不敬的意思，只是一言以蔽之。）这不重要。重要的是你在这个游戏中，重新认识了你的父母，你在弥补你童年的缺憾，你在重新构筑你心灵的世界。你会发现自己缺少的东西、追求的东西到底是什么？

有个农村来的孩子，父母都是贫苦的乡民。在重造父母的游戏中，他令自己的母亲变成了玛丽莲·梦露，让自己的父亲变成了乾隆。我想这是一个非常典型的例子，我首先要感谢这位朋友的坦率和信任。因为这样的答案是太容易引起歧义和嘲笑了，虽然它可能是很多人的向往。

我问他，玛丽莲·梦露这个女性，在你的字典中代表了什么？他回答说，她是我见过的最美丽和最现代的女人。我说，那么，你是不是觉得自己的亲生母亲丑陋和不够现代？他沉默了很久说，正是这样。中国有句俗话叫"儿不嫌母丑，狗不嫌家贫"，我嫌弃我的母亲丑，这真是大不敬的恶行。平常我从来不敢向人表露这种思想，但她实在是太丑的女人，让我从小到大蒙受了很多耻辱。我在心里是讨厌她的。从我开始知道美丑的概念，我就不容她和我一道上街，就是距离很远，一前一后的也不行，因为我会感到人们的目光像线一样地把我和她联系起来。后来我到城里读高中，她到学校看我，被我呵斥走了。同学问起来，我就说是一个丐婆，我曾经给过她钱，她看我好心，以为我好欺负，居然跟到这里来了……我说这些话的时候，觉得自己也很有道理，因为母亲丑，并把她的丑遗传给了我，让我承受世人的白眼，我想她是对不住我的。至于我的父亲，他是乡间的小人物，会一点小手艺，能得到人们的一点小尊敬。我原来是以他为傲的，后来到了城里，上了大学，才知道山外有山天外有天，才知道父亲是多么的草芥。同学们的父亲，不是经常在本地电视要闻中露面的政要，就是腰缠万贯挥金如土的巨富，最次的也是个国企的老总。我的位于社会底层的位置是我的父母强加给我的，这太不公平。深层的怒火潜伏在我心底，使我在自卑的同时非常敏感，性格懦弱，但在某些时候又像地雷似的一碰就炸……算了，不说我了，我本来认命了，因为父母是不能选择的，所以也从来没有动过这方面的脑筋。既然你今天让做"选父母"的游戏，让我可以大胆设想，我一下子就想到了梦露和乾隆。

我说，先问你一个问题，如果父亲不是乾隆，换成布什或布莱尔，你以为如何？

他笑起来说，布什或布莱尔？当然可以。我说，你希望有一个总统或皇上当父亲，这背后反映出来的复杂思绪，我想你能察觉。

他静了许久，说，我明白了那永远伴随着我的怒气从何而来。我仰慕地位和权势，我希图在众人视线的聚焦点上。我看重身份热爱钱财，我希望背靠大树好乘凉……当这些无法满足的时候，我就怨天尤人，心态偏激，觉得从自己一落草就被打入了另册。我因此埋怨父母，可是中国孝字当先，我又无法直抒胸臆，情绪翻搅，就让我永远不得轻松。工作中生活中遇到的任何挫折，都会让我在第一时间想起先天的差异，觉得自己无论怎样奋斗也无济于事……

我说，谢谢你的这番真诚告白。只是事情还有一面的解释，我不知你想过没有？

他说，我很想听听。

我说，这就是，你那样平凡贫困的父母，在艰难中养育了你，你长得并不好看，可他们没有像你嫌弃他们那样嫌弃你，而是给了你力所能及的爱和帮助。他们自己处于社会的底层，却竭尽全力供养你读书，让你进了城，有了更开阔的眼界和更丰富的知识。他们明知你不以他们为荣，可他们从不计较你的冷淡，一如既往地以你为荣。他们以自己孱弱的肩膀托起了你的前程，我相信他们不是希求你的回报，而只是对你抱有一种无私无悔无条件的爱。

你把梦露和乾隆的组合当成你的父母的最佳结合，恕我直言，这种跨越国籍和历史的组合，攫取了威权和美貌的叠加，在这后面你是否舍弃了自己努力的空间？

在你的这种搭配中，我看到的是一厢情愿的无望，还有不切实际的奢求。

那位年轻人若有所思地走了。我注视着他的背影，期待他今后会有改变。

请你静静地和你的心在一起，面对着你写下的期望中的父母的名字，去感受这种差异后面麇集的情愫。发现是改变的尖兵。

# 人永远是自己的主人

## 压抑也许成癌

---

凡是在我们心灵中存在的能量，无论是正面的还是负面的，压抑都是有害的。

感觉是一切虚幻事件的核心。它从未确立过任何事情，但又和任何事情息息相关。情绪是埋在所有真实上面的浮土，不把它们清理干净，真相就无从裸露。

传统的教育，教导我们要忍让，要宽容，要忘却。然而，长久的压抑会带来更大的反弹，积攒的痛苦如暴风骤雨袭来，霹雳能将我们击为灰烬。

没有哪一样事物，可以通过压抑自然而然地消失。地球内部的压力，会通过火山爆发来释放。水库的压力，会通过堤岸崩塌洪水溃泻而释放。身体的不适，会演变成急病，让你不得不全神贯注地解决。金钱的压力，会恶化成破产。感情的压力，会走向分道扬镳。所以，要学会循序渐进地释放压力，千万不要忽略了小的不安。它们攒起来，会把精神压弯。

人们常常以为抑郁的人是没有能量的。我们看到他们萎靡不振，好似一团沾满灰尘的瘫软抹布。但其实，抑郁是一种极大的能量。千万不要轻视了抑郁的人，以为他们没有能力改变。能量执拗地存在着，只是失却了方向，不是向外攻击就是向内攻击。

尊重你的情感，并不是要情感直接做出决定，而是尊重情感的波涛起伏；不是压抑情感，而是疏通情感。中医说，不通则痛，通则不痛。先要将痛苦纾解开来。拧成一团乱麻般的情绪症结，简直就是毒药。用不着外界的纷扰，单是内心的混乱，就完全能导致崩溃了。该恨谁，就在心中将他诅咒千遍。可以用最恶毒的字眼，只是不要让别人听到。你救赎的是自己的灵魂，和他人无关。如果还不解气，就把一个羽绒抱枕靠垫或荞麦皮枕头扔到地上拳打脚踢，直到羽绒飞扬、遍地鹅毛也在所不惜，荞麦皮漏撒一地，就慢慢扫起。假如怒火还未消，就在纸上写上仇者的姓名，然后明明白白地写出：我恨你！恨你……

我教过一个朋友这一招，他咂咂嘴说，做不来。

我说，为什么呀？这并不是很难的动作啊！如果你找不到安静的地方，我可以把自己的家借给你。哪怕你声震九霄，也没有人会听到。

他说，那不是像个神经病吗？！

191

我说，怎么会！你压抑得太久，已经忘了如何来表达愤怒。整天躲在西装革履的套子里，已经没有真的血肉。接触自己最内在的情感，它既然存在着，就必有其合理的走向。就像当年大禹治水，不是围追堵截，而是疏导引流。现在，你的情绪像堵车一样塞在一起，神经通路已完全不畅通，哪能做出英明决定？听我的，开始吧。

他犹疑着说，这很不习惯。

我说，是啊，你已经习惯了掩藏和压抑。其实，凡是在我们心灵中存在的能量，无论是正面的还是负面的，压抑都是有害的。你压抑了正面的能量，本该你承担的义务，你偏偏躲闪；本该你做出的决定，你犹豫不决；本该你担当的职务，你假装谦虚拱手相让……你以为你这是大度，是高风亮节，是安全敦厚，其实不过是懦弱。而且那些被压抑的能量，迅速地凝变成了牢骚、怀才不遇、指手画脚、不在其位而谋其政，让人厌烦……这还算是好的，因为你把能量的矛头对准了外界。

更糟糕的选择，是缄口不语，把一切真知灼见藏在肚子里，愣愣地旁观着这个世界，在无人的风口抚胸长叹。向内攻击的结果也是以自身为假想敌，罹患种种疾病……被压抑的能量化作钢刀，在胸廓之内到处乱戳。也可能跑到哪里聚成块垒，就成了凶险的肿瘤。至于那些原本就是负面的能量，得不到宣泄，会更为虎作伥，肆无忌惮地向外攻击。所以，情绪是万万压抑不得的，就像高压蒸汽，一定要给它找一个出口。不然，等着吧，爆炸是免不了的。

我推荐的抱枕法，是一个简便易行安全可靠的方法。只要你养成了习惯，对于让你万分不舒服的事，直面相对，找到问题的症结，把脾气宣泄出去，你会觉得云开雾散月朗风清，精神就轻松了好多。

你可能半信半疑地说，好吧，我相信你一回，这样猛烈地自我发泄一通，情绪或许能平稳一些。但是，发泄完了，情况还是那个情况，现状还是那个现状，于事无补啊！

不！不是这样的！情绪遮挡着视线之时，能看到的出路是很少的，有时简直就是大雾弥天，日月无光。当我们安静下来，心灵的能量就渐渐呈现，就能发现很多被震怒的荒草遮掩的曲折小径。

你可能还是不信，希望你什么时候试一试。这法子成本不高，至多就是把抱枕摔散了，也没什么了不起的。我就曾经把一个枕头摔断了线，之后心平气和地把断裂之处缝起，虽略损美观，但并无大碍。

有人能摸索出其他适合自己的方法排解幽愤，这也很好。比如阿甘，他的法子就是跑步。无休止地跑，在步履交替的过程中，他慢慢疗愈了自己的创伤。

怎么样，朋友？你找到了自己发泄情绪的好法子么？如果你已经找到了，恭喜你啊。这样你就比较能面对真实的自我，不会把自己压抑出癌症来。

# 身体不是一匹哑马

身体是我们可以移动的世界。

　　人们对于自己的身体常常是麻木不仁的。只有当生病时，才知觉到它的存在。你见过朝阳的升起，可你觉察过自己身体升起的潮汐吗？

　　怠慢自己的身体，是现代人的通病。身体真是好脾气，倘有一分气力，就苟延残喘地担当着，实在担当不了，才轰然倒下，并无怨言，人们给这情形起了一个名字，叫作"积劳成疾"。

　　可是，不能欺负老实人啊！身体是我们最好的朋友，你不能把身体当成一匹哑马，无尽地驱使它做力所不及的苦役。你要学会和自己的马儿喃喃细语。你会听到这匹老马有多少真知灼见，引导你生命的苦旅。

　　我们要学会轻松省力地使用身体，快捷向前。轻松省力地使用身体的诀窍就是：将身心统一，让身体和思想在同一个水平线上。当我们高兴的时候，身体就微笑。当我们沮丧的时候，身体有权利哀伤。

最要不得的就是，明明你不喜欢这个人，却让身体奴颜婢膝强颜欢笑。明明你喜欢这个人，却让身体冷若冰霜拒之千里。这样不但做人辛苦，而且让身体早生华发未老先衰。

善待你的身体吧，它是你在漫漫征途中仅有的依靠。如果连它都背叛了你，你真要好好检讨自己的人生。要记住，身体是我们可以移动的世界。

# 在纸上写下你的忧伤

不要把这当成一个玩笑，精神的忧伤是值得认真对待的，我们要凝聚心力，有条不紊地打开创口。

把你不快乐的理由写在一张纸上，你会惊奇地发现，它们完全没有你想象的那样多，一般来说，它们是不会超过十条的。在这其中，把那些你不可能改变的理由划掉，比如你不是双眼皮或者你不是出身望族。然后认真地对付剩下的若干条，看看有哪些切实可行的方法可以将它们改变。

我常常用这个法子帮助自己，写在这里，供朋友们参考。

先准备一张纸，在纸上写下我纷乱的思绪。最好是分成一条条的，这样比较清晰和简明扼要。要知道，人在愁肠百结、眼花缭乱的时候，分辨力下降，容易出错。所以把复杂的问题简单化、条理化，用通俗点的说法，就是给问题梳个小辫子。实践证明，这是个好方法。

具体的操作步骤是这样的。假如你感到沮丧，就请你分门别类地把沮丧的理由写下来。假如你哀伤，就尝试着把哀伤的理由也提纲挈领地写下来。如果你也不知道因为什么，就是心烦意乱、百爪挠心、不知所措、诸事不顺的时候，也请你把所有可能导致如此糟糕心情的理由写下来。不要嫌麻烦，以此类推——当你愤怒的时候，当你寂寞的时候，当你无所适从的时候，当你自卑和百无聊赖的时候……都可以用这个法子试一试。

给你一个建议：找一张大一些的纸，起码要有 A4 纸那样大。如果你愿意用一张报纸一般大的纸，也未尝不可。反正我常常是这样开始的，引发我不适的感觉是如此强烈，深感没一张大纸根本就写不下。数不清的理由像野兔般埋伏在烦恼的草丛里，等待着我去一一将它们抓出来。如果纸太小了，哪里写得下？写到半路发觉空白地方不够了，再去找纸，多么晦气！

当然了，你要找一个安静的地方。你要独自一人。不要把这当成一个玩笑，精神的忧伤是值得认真对待的，我们要凝聚心力，有条不紊地打开创口。

我当过外科医生，每逢打开伤口的时候，我都要揪着一颗心，因为会看到脓血和腐肉，有的时候，还有森森白骨。但是，任何一个负责任的医生，都不会因为这种创面的血腥狼藉而用一层层的纱布掩盖伤口，那样只会养虎为患，使局面越来越糟。

打开精神的伤口也是需要勇气的。当你写下第一条的时候，你很可能会战战兢兢地下不了笔，这时候，你一定要鼓起勇气，不要退缩。就像锋利的柳叶刀把脓肿刺开，那一瞬，会有疼痛，但与让脓肿隐藏在肌肉深处兴风作浪相比，这种短痛并非不可忍受。

第一刀捅下去之后，你在进出眼泪的同时，也会感到一点点轻松。因为，你把一个引而不发的暗疾揪到了光天化日之下。

乘胜追击，不要手软。请你用最快的速度，再写下让你严重不安的第二条理由。这一次，稍稍容易了一些。不是吗？因为万事开头难啊！你已经开了一个好头，你已经把让你最难忍受的苦痛，凝固在了这张洁白的纸上。这张纸，因了你的勇敢和苦痛，有了温度和分量。

第二条写完之后，请千万不要停歇下来，一定要再接再厉啊！这应该不是什么太难的事，因为让你寝食不安的事，不会只是这样简单的一两件，你的悲怆之库应该还有众多的储备呢！也不要回头看，不必去估摸自己已经写的那些东西是不是排名前后有调整的必要，只需埋头向前，一味写下。

写！继续！用不着掂量和思前想后，就这样写下去。等到你再也写不出来的时候，咱们的"白纸疗法"第一阶段就先告一段落。

摆正那张纸，回头看一看。

我猜你一定有一个大惊奇。那些条款绝没有你想象的多！在一瞬间，你甚至有些不服气，心想造成我这样苦海无边纷乱不止的原因，难道只有这些吗？不对，一定是什么地方出了差池，我想得还不够深不够细，概括得还不够周到，整理得还不够全面……

不要紧。不要急。你尽可以慢慢地想，不断地补充。你一定要穷尽让自己不开心的理由，不要遗漏一星半点。

好了，现在，你到了绞尽脑汁再也想不出新的愁苦之处的阶段了。那么，我们的"白纸疗法"第一阶段正式完成。

你可以细细端详这些让你苦恼的罪魁祸首。我猜你还是有些吃惊，它们比你预想的还是要少得多。你以为你已万劫不复，其实，它们最多不会超过十条。

不信，我可以试着罗列一下。

1. 亲人逝去；

2. 工作变故；

3. 婚姻解体；

4. 人际关系恶劣；

5. 缺乏金钱；

6. 居无定所；

7. 疾病缠身；

8.牢狱之灾；

9.失学失恋。

看到这里，你也许会说，这也太极端了吧？这些倒霉的事怎么能都集中到一个人身上呢？这种人在现实中的比例，太低了！万分之一有没有啊？是的，我完全能理解你的讶然，但是，正如我们前面所说的，即使是这样的超级倒霉蛋，他的困境也并没有超过十条。

现在，白纸疗法进入第二阶段。

把你的那些困境分分类，看看哪些是能够改变的，哪些是无能为力的。对于能够改变的，你要尽自己的努力争取摆脱困境。对于那些不能改变的，就只能接受和顺应。

咱们还是拿那个超级倒霉蛋的清单来做个具体分析。

1.亲人逝去；

2.工作变故；

3.婚姻解体；

4.人际关系恶劣；

5.缺乏金钱；

6.居无定所；

7.疾病缠身；

8.牢狱之灾；

9.失学失恋。

**不能改变的**：亲人逝去，婚姻解体，疾病缠身。

**已经得到改变的**：因为牢狱之灾，解决了居无定所。因为牢狱之灾，也就没有继续工作的可能性了，所以，第二条和第六条困境就不存在了。失学这件事，也只有等待出狱之后再做考虑。失恋这件事，虽然说并不是完全没有希望挽回，但因为恋爱毕竟是两个人的事情，假如在没有牢狱之灾的情况下，对方都已经和你分手，那么现在的局面更加复杂，和好的可能性也十分微弱，基本上可以把它放入你无能为力的筐子里面了。

**可以做出的改变**：

1. 在牢狱里，服从管理，争取减刑。

2. 积极治病，强身健体。

3. 学习知识和技能，争取出狱后能继续学业或是找到工作，积攒金钱，建立新的恋爱关系，找到房子，成立美满家庭。

通过剖析这张超级倒霉蛋的清单，我想你已经知道了该怎么做，我这里也就不啰唆了。毕竟每一片叶子都是不同的，每一个人遇到的具体困境和难处也都是不同的。我也就不打听你的隐私了。现在，让我们进入"白纸疗法"的第三阶段。

第三阶段非常简单，就是你给自己写一句话。可以是鼓励，也可以是描述自己的心境，也可以是骂自己一句。当然了，这可不是咬牙切齿的咒骂，而是激励之骂。

有的朋友可能还是不知道如何下笔，我举几个例子。

有人写的是：那个悲伤的人已经走远，我从这一刻重生。

有人写的是：振作起来。不然，我都不认识你了！

最有趣的是我曾看到一个年轻人写道：啊！我呸！

我问他，这个"我呸"，是什么意思？

他翻翻白眼说，你连这个都不懂？就是吐唾沫的意思。吐痰，这下你总明白了吧？

我笑笑说，还是不大明白。

他说，你怎么这么笨呢！像吐口水一样，把过去的霉气都吐出去，新的生活就开始了。我小的时候，每逢遇到公共厕所，氨水样的味道直熏眼睛，我妈就告诉我，快吐口水，就把吸进肚子里的臭气都散出去了……现在，我也要"呸"一下。

我明白了，这是一个仪式，和过去的沮丧告别，开始新的一天。其实也很有道理。这个小伙子在一句"我呸"当中，表达了弃旧图新的决定。

# 轰毁你心中的魔床

<hr />

魔由心生。时时检点自己的心灵宝库，可以储藏勇气，可以储藏经验和教训，可以储藏期望和安慰，只是不要储藏"应该"。

魔鬼有张床。它守候在路边，把每一个过路的人，揪到它的魔床上。魔床的尺寸是固定的，路人的身体比魔床长，魔鬼就把那人的头或脚锯下来；路人的个子矮小，魔鬼就把那人的脖子和肚子像拉面一样抻长……只有极少的人正好符合魔床的尺寸，不长不短地躺在魔床上，其余的人总要被魔鬼折磨，身心俱残。

一个女生向我诉说：我被甩了，心中苦痛万分。他是我的学长，曾每天都捧着我的脸说，你是天下最可爱的女孩。可说不爱就不爱了，做得那么绝，一去不回头。我是很理性的女孩，当他说我是天下最可爱的女孩的时候，我知道我姿色平平，担不起这份美誉，但我知道那是出自他的真心。那些话像火，我的耳朵还在风中发烫，人却大变了。我久久追在他后面，不是要赖着他，只是希望他拿出响当当硬邦邦的说法，给我一个交代，也给他自己一个交代。

由于这个变故，我不再相信自己，也不相信他人。我怀疑我的智商，一定是自己的判断力出了问题。如此至亲至密，说翻脸就翻脸，让我还能信谁？

女生叫萧凉，萧凉说到这里，眼泪把围巾的颜色一片片变深。失恋的故事，我已听过成百上千，每一次，不敢丝毫等闲视之。我知道有殷红的血从她心中滴落。

我对萧凉说，这问题对于你，已不单单是失恋，而是最基本的信念被动摇了，所以你沮丧、孤独、自卑，还有愤怒的莫名其妙……

萧凉说，对啊，他欠我太多的理由。

我说，人是追求理由的动物。其实，所有的理由都来自我们心底的魔床，那就是我们对一些问题的看法和观念。它潜移默化地时刻评价着我们的言行和世界万物。相符了，就皆大欢喜，以为正确合理；不相符，就郁郁寡欢，怨天尤人。

这种魔床，有一个最通俗最简单的名字，就叫作"应该"。有的人心里摆得少些，有三个五个"应该"。有的人心里摆得多些，几十个上百个也说不准，如果能透视到他的内心，也许拥挤得像个卖床垫的家具城。

魔床上都刻着怎样的字呢？

萧凉的魔床上就写着"人应该是可爱的"。我知道很多女生特别喜欢这个"应该"。热恋中的情人，更是三句话不离"可爱"。这张魔床导致的直接后果，就是我们以为自己的存在价值，决定于他人的评价。如果别人觉得我们是可爱的，我们就欢欣鼓舞，如果什么人不爱我们了，就天地变色日月无光。很多失恋的青年，在这个问题上百思不得其解，苦苦搜索"给个理由先"。如果没有理由，你不能不爱我。如果你说的理由不能说服我，那么就只有一个理由，就是我已不再可爱，一定是我有了什么过错……很多失恋的男女青年，不是被失恋本身，而是被他们自己心底的魔床，锯得七零八落。残缺的自尊心在魔床之上火烧火燎，好像街头的羊肉串。

要说这张魔床的生产日期，实在是年代久远，也许生命有多少年，它就相伴了多少年。最初着手制造这张魔床的人，也许正是我们的父母。当我们还是婴儿的时候，那样弱小，只能全然依赖亲人的抚育。如果父母偶尔表现得不喜欢我们，不照料我们，在我们小小的心里，无法思索这复杂的变化，最简单的方式，就以为是我们自己的过错，必是我们不够可爱，才惹来了嫌弃和疏远。特别是大人们的口头禅："你怎么这么不乖？如果你再这样，我就不喜欢你了……"凡此种种，都会在我们幼小的心底，留下深深的印记。那张可怕的魔床蓝图，就这样一笔笔地勾画出来了。

有人会说，啊，原来这"应该如何如何"的责任不在于我，而在于我的父母。其实，床是谁造的，这问题固然重要，但还不是最重要的。心理学家弗洛伊德说过，一个孩子，即使在最慈爱的父母那里长大，他的内心也会留有很多创伤（大意。原谅我一时没有找到原文，但意思绝对不错）。我们长大之后，要搜索自己的内心，看看它藏有多少张这样的魔床，然后亲手将它轰毁。

一位男青年说，我很用功，我的成绩很好，可是我不善辞令，在人多的场合，我一说话就脸红。我用了很大的力量克服，奋勇竞选学生会的部长，结果惨遭败北。前景黑暗，这可不是个好兆头，看来我一生都会是失败者。于是，他变得落落寡合，自贬自怜，头发很长了也不梳理，邋遢着独来独往，好似一个旧时的落魄文人。大家觉得他很怪，更少有人搭理他了。

他内心的魔床就是：我应该是全能的。我不单要学习好，而且样样都要好。我每次都应该成功，否则就一蹶不振。把受到挫折的自己放在这张魔床上反复比量，把自己裁剪得七零八落。一次的失败就成了永远的颓势，局部的不完美就泛滥成了整体的否定。

一个不美丽的女大学生每天顾影自怜。上课不敢坐在阶

207

梯教室的前排，心想老师一定只愿看到"养眼"的女孩。有个男生向她表示好感，她想，我不美丽，他一定不是真心，如果我投入感情，肯定会被他欺骗，被当作话柄流传。于是，她斩钉截铁地拒绝了他，以为这是决断和明智。找工作的时候，她的简历写得很好，屡屡被邀约面试，但每一次都铩羽而归。她以为是自己的服饰不够新潮、化妆不够到位，省吃俭用买了高级白领套装及昂贵的化妆品，可惜还是屡遭淘汰……她耷拉着脸，嘴边已经出现了在饱经沧桑的失意女子脸上才可看到像小括弧般的竖形皱纹。

如果允许我们走进她枯燥的内心，我想那里一定摆着一张逼仄的小床。床上写着："女孩应该倾国倾城。应该有白皙的皮肤，应该有挺秀的身躯，应该有玲珑的曲线，应该有精妙绝伦的五官……如果没有，她就注定得不到幸福，所有的努力都会白搭，就算碰巧有一个好的开头，也不会有好的结尾。如果有男生追求长相不漂亮的女孩，一定是个陷阱，背后必有狼子野心，切不可上当……"

很容易推算，当一个人内心有了这样的暗示，她的面容是愁苦和畏惧的，她的举止是局促和紧张的，她的声音是怯懦和微弱的，她的眼神是低垂和飘忽的……她在情感和事业上成功的概率极低，到了手的幸福不敢接纳，尚未到手的机遇不敢追求，她的整个形象都散射着这样的信息——我不美丽，所以，我不配有好运气！

讲完了黯淡的故事，擦拭了委屈的泪水，我希望她能找到那张魔床，用通红的火将它焚毁。

谁说不美丽的女子就没有幸福？谁说不美丽的女子就没有事业？谁说命运是个好色的登徒子？谁说天下的男子都是以貌取人的低能儿？

心中的魔床有大有小，有的甚至金光闪闪，颇有迷惑人的能量。我见过一家证券公司的老总，真是事业有成高大英俊，名牌大学洋文凭，还有志同道合的妻子，活泼聪颖的孩子……一句话，简直人所有的他都有，可他寝食难安，内心的忧郁焦虑非一般人所能想象，不知是什么灼烤着他的内心。

"我总觉得这一切不长久。人无远虑，必有近忧。水至清则无鱼，谦受益满招损。我今天赚钱，日后可能赔钱。妻子可能背叛，孩子可能遭遇车祸。我也许会突患暴病，世界可能会发生地震火灾飓风，即使风调雨顺，也必会有人祸，比如911……我无法安心，恐惧追赶着我，惶恐将我包围。"他眉头紧皱着说。

我说，你感到极度的不安全。你总在未雨绸缪，你总在防微杜渐。你觉得周围潜伏着很多危险，它们如同空气，看不见摸不到，但却无处不在、无所不能。

他说，是啊。你说得不错。

我说，在你的内心，可有一张魔床？

他说：什么魔床？我的内心只有深不可测的恐惧。

我说，那张魔床上写着：人不应该有幸福，只应该有灾难。幸福是不真实的，只有灾难才是永恒的。人不应该只生活在今天，明天和将来才是最重要的。

他连连说，正是这样。今天的一切都不足信，唯有对将来的忧患才是真实的。

我说，每个人都有过去、现在和将来。对我们来讲，无论过去发生过什么，都已逝去；无论你对将来有多少设想，都还没有发生。我们活在当下。

由于幼年的遭遇，他是个缺乏安全感的人。惊惧射杀了他对幸福的感知和欣赏。只有销毁了那张魔床，他才能晒到金色的阳光，听到妻儿的欢歌笑语，才能从容镇定地面对风云，即使风雨真的袭来，也依然轻裘缓带玉树临风。

说穿了，魔床并不可怕，当它不由分说就宰割着你的意志和行为之时，面对残缺，我们只有悲楚绝望。但当我们撕去了魔床上的铭文，打碎了那些陈腐的"应该"，魔床就在一瞬间倒塌。随着魔床轰塌，代之以我们清新明朗的心态。

魔由心生。时时检点自己的心灵宝库，可以储藏勇气，可以储藏经验和教训，可以储藏期望和安慰，只是不要储藏"应该"。

# 珍惜愤怒

珍惜愤怒，保持愤怒吧！愤怒可以使我们年轻。纵使在愤怒中猝然倒下，也是一种生命的壮美。

小时候看电影，虎门销烟的英雄林则徐在官邸里贴一条幅"制怒"。我由此知道怒是一种凶恶而丑陋的东西，需要时时去制服它。

长大后当了医生，我更视怒为健康的大敌。师传我，我授人；怒而伤肝，怒较之烟酒对人为害更烈。人怒时，可使心跳加快，血压升高，瞳孔散大，寒毛竖紧……一如人们猝然间遇到老虎时的反应。

怒与长寿，好像是一架跷跷板的两端，非此即彼。

人们渴望强健，于是憎恶愤怒。

我愿以我生命的一部分为代价，换取永远珍惜愤怒的权利。

愤怒是人的正常情感之一，没有愤怒的人生，是一种残缺。当你的尊严被践踏，当你的信仰被玷污，当你的家园被侵占，当你的亲人被残害，你难道不生出火焰一样的愤怒吗？当你面对丑恶，面对污秽，面对人类品质中最阴暗的角落，面对黑夜里横行的鬼魅，你难道能压抑住喷薄而出的愤怒吗？！

愤怒是我们生活中的盐。当高度的物质文明像软绵绵的糖一样簇拥着我们的时候，现代人的意志像被泡酸了的牙一般软弱。小悲小喜缠绕着我们，我们便有了太多的忧郁。城市人的意志脱了钙，越来越少见倒拔垂杨柳强硬似铁怒目金刚式的愤怒，越来越少见幽深似海水波不兴却蕴藏极大张力的愤怒。

没有愤怒的生活是一种悲哀。犹如跳跃的麋鹿丧失了迅速奔跑的能力，犹如敏捷的灵猫被剪掉胡须。当人对一切都无动于衷，当人首先戒掉了愤怒，随后再戒掉属于正常人的所有情感之后，人就在活着的时候走向了永恒——死亡。

我常常冷静地观察他人的愤怒，我常常无情地剖析自己的愤怒，愤怒给我最深切的感受是真实，它赤裸而新鲜，仿佛一颗勃然跳动的心脏。

喜可以伪装，愁可以伪装，快乐可以加以粉饰，孤独忧郁能掺进水分，唯有愤怒是十足成色的。它是石与铁撞击一瞬痛苦的火花，是以人的生命力为代价锻造出的双刃利剑。

喜更像是一种获得，一种他人的馈赠。愁则是一枚独自咀嚼的青橄榄，苦涩之外别有滋味。唯有愤怒，那是不计后果不顾代价无所顾忌的坦荡的涌出。在你极度愤怒的刹那，犹如裂空而出横无际涯的闪电，赤裸裸地展示了你最隐秘的内心。于是，你想认识一个人，你就去看他的愤怒吧！

愤怒出诗人，愤怒也出统帅，出伟人，出大师，愤怒驱动我们平平常常的人做出辉煌的业绩。只要不丧失理智，愤怒便充满活力。

怒是制不服的，犹如那些最优秀的野马，迄今没有任何骑手可以驾驭它们。愤怒是人生情感之河奔泻而下的壮丽瀑布，愤怒是人生命运之曲抑扬起伏的高亢音符。

珍惜愤怒，保持愤怒吧！愤怒可以使我们年轻。纵使在愤怒中猝然倒下，也是一种生命的壮美。

# 戒指描述疼痛

———————

语言有多少空白和盲点啊。单单对肉体上的感觉，我们就面临描述上的荒芜。

每当我说自己以前当过医生，人们就说：好多搞文学的人都当过医生呢……比如鲁迅，比如郭沫若……

鲁迅和郭沫若都学过医，但似乎都没有到真正给人看病的阶段，就改文学去了。鲁迅是因看了有辱中国人的电影，奋而拯救灵魂。郭沫若好像是因幼年时患病听力受损，临床听诊这一关很吃力，分不清心音的微细差别（近一个世纪以前，医生可没这么多的 B 超、CT 辅助诊断。而是像个匠人一般，凭的是眼睛耳朵的功夫），被迫改了行。

我在文学上自然不足挂齿，但窃以为在医学知识上可胜这两位大师们一筹。我从医 20 多年，一直做到内科主治医师，业务娴熟，态度善良，是个很不错的大夫呢。

俗话说，靠山吃山。

我写小说的时候，就经常写医生的故事。

我当医生的时候，全神贯注地倾听病人的叙述。不只是因为工作的负责心，甚至也不局限于同情与人道——更多的时候是为病人着急，恨铁不成钢。

人体的痛苦，是一种难以描述的状态。比如仅是疼痛，就可分为绞痛、酸痛、胀痛、跳痛、撕裂痛、压迫痛、针刺样痛、电击样痛……不胜枚举。

病人面对自己身体的怪异感受，惊惧愕然之下，无以表达。

然而，医生是多么热切地盼望知道病人的感受啊！那是诊病的雷达。

许多人因癌而逝。医生叹息：发现得太晚了。

人体真的那样缄默吗？我总觉得，即使是潜伏期最长的癌症，在所有的体表恶症未出现之前，在所有的医疗机械尚浑噩茫然之时，身体一定曾用一种轻微持久但却灵敏万分的警报，日夜提示过我们。

可惜我们不懂身体的语言。

我们无法命名那种感觉，我们就无法传达。

因为无法传达，我们就以为它不存在。

生命便在这种不存在中消失。

语言有多少空白和盲点啊。

单单对身体上的感觉，我们就面临描述上的荒芜。彷徨在心灵的荒原，谁知还有多少极地。

有的疼痛，哪怕痛入骨髓，我们也可以置之不理。

有的疼痛，哪怕如丝如缕，我们却不敢掉以轻心。

肉体与心灵，需要描述。

人和人之间，需要传达。

面对病人，我怅然若失。他知道自己有了什么，可他不知道这是什么。

面对我，病人欲讲不能。我懂得这个世界，可我不懂得他。

我突发奇想，假如能把人们的神经嫁接，是不是这个世界就简单多了？

这种怪异的念头，当然同医生的严谨水火不容。我只好对谁都不说。

这念头在心中埋了许多年，到了我不做医生的时候，就把它变成了一篇小说——《教授的戒指》。

用一枚子虚乌有的戒指，代替感觉，代替传达。以些微补救语言描述的困境。

# 谁是你的重要他人

人的创造和毁灭都是由自己完成的，人永远是自己的主人。

有人会问，什么叫"重要他人"？

"重要他人"是一个心理学名词，意思是在一个人心理和人格形成的过程中，对其产生过巨大影响，甚至是超过决定性作用的人物。

"重要他人"可能是我们的父母长辈，或者是兄弟姐妹，也可能是我们的老师，抑或萍水相逢的路人。童年的记忆遵循着非常玄妙神秘的规律，你着意要记住的事情和人物，很可能湮没在岁月的灰烬中，但某些特定的人和事，却挥之不去，影响自己的一生。如果你不把它们找出来，并加以重新认识和把握，它们就可能像一道符咒，在下意识的海洋中潜伏着，影响潮流和季风的走向。你的某些性格和反应模式，由于"重要他人"的影响，而被打上了深深的烙印。

这段话有点拗口，还是讲个故事吧。故事的主人公是我和我的"重要他人"。

她是我的音乐老师，那时很年轻，梳着长长的大辫子，有两个漏斗一样深的酒窝，笑起来十分清丽。当然，她生气的时候酒窝隐没，脸绷得像一块苏打饼干，木板样干燥，很是严厉。那时我大约十一岁，个子长得很高，是大队委员，也算个孩子中的小官。

学校组织"红五月"歌咏比赛，要到中心小学参赛，校长很重视，希望歌咏队能拿到好名次，为校争光。最被看好的是男女小合唱，音乐老师亲任指挥，每天下午集中合唱队的同学们刻苦练习。我很荣幸被选中，每天放学后，在同学们羡慕的眼光中，走到音乐教室，引吭高歌。

有一天练歌的时候，长辫子的音乐老师突然把指挥棒一丢，一个箭步从台上跳下来，东瞄西看。大家不知所以，齐刷刷闭了嘴。她不耐烦地说，都看着我干什么？唱！该唱什么唱什么，大声唱！说完，她侧着耳朵，走到队伍里，歪着脖子听我们唱歌。大家一看老师这么重视，就唱得格外起劲。

长辫子老师铁青着脸转了一圈儿，最后走到我面前，做了一个斩钉截铁的手势，整个队伍瞬间安静下来。她叉着腰，一字一顿地说，毕淑敏，我在指挥台上总听到一个人跑调儿，不知是谁。我走下来一个人一个人地听，总算找出来了，原来就是你！一颗老鼠屎坏了一锅汤！现在，我把你除名了！

我木木地站在那里，无法接受这突如其来的打击。刚才老师在我身旁停留得格外久，我还以为她欣赏我的歌喉，唱得分外起劲，不想却被抓了个"现行"。我灰溜溜地挪出了队伍，羞愧难当地走出教室。

那时的我，基本上还算是一个没心没肺的女生，既然被罚下场，就自认倒霉吧。我一个人跑到操场，找了个篮球练起来，给自己宽心道，嗨，不要我唱歌就算了，反正我以后也不打算当女高音歌唱家。还不如练练球，出一身臭汗，自己闹个筋骨舒坦呢（嗨！小小年纪，已经学会了小老百姓传统的精神胜利法）！这样想着，幼稚而好胜的心也就渐渐平和下来。

三天后，我正在操场上练球，小合唱队的一个女生气喘吁吁地跑来说，毕淑敏，原来你在这里！音乐老师到处找你呢！

我奇怪地说，找我干什么？

那女生说，好像要让你重新回队里练歌呢！

我挺纳闷，不是说我走调厉害，不要我了吗？怎么老师又改变主意了？对了，一定是老师思来想去，觉得毕淑敏还可用。从操场到音乐教室那几分钟路程，我内心充满了幸福和憧憬，好像一个被发配的清官又被皇帝从边关召回来委以重任，要高呼"老师圣明"了（正是瞎翻小说，胡乱联想的年纪）。走到音乐教室，我看到的是挂着冰霜的"苏打饼干"。长辫子老师不耐烦地说，毕淑敏，你小小年纪，怎么就长了这么高的个子？！

我听出话中的谴责之意，不由自主就弓了脖子塌了腰。从此这个姿势贯穿了我整个少年和青年时代，总是略显驼背。

老师的怒气显然还没发泄完，她说，你个子这么高，唱歌的时候得站在队列中间，你跑调儿走了，我还得让另外一个男生也下去，声部才平衡。人家招谁惹谁了？全叫你连累的，上不了场！

我深深低下了头，本来以为只是自己的事，此刻才知道还把一个无辜者拉下水，实在无地自容。长辫子老师继续数落，小合唱本来就没有几个人，队伍一下子短了半截，这还怎么唱？现找这么高个子的女生，合上大家的节奏，哪那么容易？现在，只剩下最后一个法子了……

老师看着我，我也抬起头，重燃希望。我猜到了老师下一步的策略，即便她再不愿意，也会收我归队。我当即下决心要把跑了的调儿扳回来，做一个合格的小合唱队员！

我眼巴巴地看着长辫子老师，队员们也围了过来，在一起练了很长时间的歌，彼此都有了感情。我这个大嗓门儿走了，那个男生也走了，音色轻弱了不少，大家也都欢迎我们归队。

长辫子老师站起来，脸绷得好似新纳好的鞋底。她说，毕淑敏，你听好，你人可以回到队伍里，但要记住，从现在开始，你只能干张嘴，绝不可以发出任何声音！说完，她还害怕我领会不到位，伸出颀长的食指，笔直地挡在我的嘴唇间。

我好半天才明白了长辫子老师的禁令：让我做一个只张嘴不出声的木头人。泪水憋在眼眶里打转，却不敢流出来。我没有勇气对长辫子老师说，如果做傀儡，我就退出小合唱队。在无言的委屈中，我默默地站到了队伍中，从此随着器乐的节奏，口形翕动，却不得发出任何声音。长辫子老师还是不放心，只要一听到不和谐音，锥子般的目光第一个就刺到我身上……

小合唱在"红五月"歌咏比赛中拿了很好的名次，只是我从此遗下再不能唱歌的毛病。毕业的时候，音乐考试是每个学生唱一支歌，但我根本发不出自己的声音。音乐老师已经换人，并不知道这段往事，她很奇怪，说，毕淑敏，我听你讲话，嗓子一点毛病也没有，怎么就不能唱歌呢？如果你坚持不唱歌，你这一门没有分数，你不能毕业。

我含着泪说，我知道。老师，不是我不想唱，是我真的唱不出来。老师看我着急成那样，料我不是成心捣乱，只得特地出了一张有关乐理的卷子给我，我全答对了，才算有了这门课的分数。

后来，我报考北京外国语学院附中，口试的时候，又有一条考唱歌。我非常决绝地对主考官说，我不会唱歌。那位学究气的老先生很奇怪，问，你连《学习雷锋好榜样》也不会？那时候，全中国的人都会唱这首歌，我要是连这也不会，简直就是白痴。但我依然很肯定地对他说，我不唱。主考官说，我看你胳膊上戴着三道杠，是个学生干部。你怎么能不会唱？当时我心里想，我豁出去不考这所学校了，说什么也不唱。我说，我可以把这首歌词默写出来，如果一定要测验我，就请把纸笔找来。那老人居然真的去找纸笔了……我抱定了被淘汰出局的决心，拖延时间不肯唱歌，和那群严谨的考官们周旋争执，弄得他们束手无策。没想到发榜时，他们还是录取了我。也许是我一通胡搅蛮缠，使考官们觉得这孩子没准以后是个谈判的人才吧。入学之后，我迫不及待地问同学们，你们都唱歌了吗？大家都说，唱了啊，这有什么难的。我可能是那一年北外附中录取新生中唯一没有唱歌的孩子。

在那以后几十年的岁月中，长辫子老师那竖起的食指，如同一道符咒，锁住了我的咽喉。禁令铺张蔓延，到了凡是需要用嗓子的时候，我就忐忑不安，逃避退缩。我不仅再也没有唱过歌，就连当众发言演讲和出席会议做必要的发言，都会在内心深处引发剧烈的恐慌。我能躲则躲，找出种种理由推脱搪塞。会场上，眼看要轮到自己发言了，我会找借口上洗手间溜出去，招致怎样的后果和眼光，也完全顾不上了。有人以为这是我的倨傲和轻慢，甚至是失礼，只有我自己知道，是内心深处不可言喻的恐惧和哀痛在作祟。

直到有一天，我在做"谁是你的重要他人？"这个游戏时，写下了一系列对我有重要影响的人物后，脑海中不由自主地浮现出了长辫子音乐老师那有着美丽的酒窝却像铁板一样森严的面颊，一阵战栗滚过心头。于是我知道了，她是我的"重要他人"。虽然我已忘却了她的名字，虽然今天的我以一个成年人的智力，已能明白她当时的用意和苦衷，但我无法抹去她在一个少年心中留下的惨痛记忆。烙红的伤痕直到数十年后依然冒着焦煳的青烟。

弗洛伊德精神分析学派认为，即使在那些被精心照料的儿童那里，也会留下心灵的创伤。因为儿童智力发展的规律，当他们幼小的时候，不能够完全明辨所有的事情，以为那都是自己的错。

说到这里，我猜聪明的你，已经明了了这个游戏的做法。

请在一张白纸上，写下"××的重要他人"，这个"××"当然就是你的名字。然后，另起一行，依次写下"重要他人"的名字和他们入选的原因，这个游戏就完成了。

你是否期望，自己的名字正在被别人写在这张纸上？

步骤只有一、二，它所惊扰的断层却常常引发剧烈的地震。

孩子的成长，首先是从父母的瞳孔中确认自己的存在。

他们稚弱，还没有独立认识世界的能力。如同发育时期的钙和鱼肝油会进入骨骼一样，"重要他人"的影子也会进入儿童的心理年轮。"重要他人"说过的话，做过的事，他们的喜怒哀乐和行为方式，会以一种近乎魔法的力量，种植在孩子心灵最隐秘的地方，生根发芽。

在我们身上，一定会有"重要他人"的影子。

美国有一位著名的电视主持人，叫作奥普拉·温弗瑞。2003年，她登上了《福布斯》身家超过十亿美元的"富豪排行榜"，成为非洲裔女性获得巨大成功的代表。

父母没有结婚就生下了她，她从小住的房子连水管都没有。一天，奥普拉正躲在屋角读书，母亲从外面走进来，一把夺下她手中的书，破口大骂道，你这个没用的书呆子，把你的屁股挪到外面去！你真的以为你有什么了不起？你这个白痴！

奥普拉九岁就被表兄强奸，十四岁怀了身孕，孩子出生后就死了。奥普拉自暴自弃，开始吸毒，然后又暴饮暴食，吃成了一个大胖子，还曾试图自杀。那时，没有人对她抱有希望，包括她自己。就在这时，她的生父对她说：

有些人让事情发生，

有些人看着事情发生，

有些人连发生了什么都不知道。

极度空虚的奥普拉开始挣扎奋起，她想知道自己的生命中究竟有些什么样的事情会发生。她要顽强地去做"让事情发生的人"。大学毕业后，她获得了一个电视台主持人的职位，1984年，她开始主持的《芝加哥早晨》大获成功，在很短的时间里成为全美收视率最高的电视节目。她开始发动全国范围内的读书节目，她对书的狂热热爱和她的影响力，改变了很多书的命运。只要她在自己的脱口秀节目里对哪本书给予好评，那本书的销量就会节节攀升。

奥普拉成立了自己的公司，创办了畅销杂志，还参股网络公司。她乐善好施的名声和她的节目一样响亮。她每年把自己收入的百分之十用来做慈善捐助。奥普拉亲手推动了太多的事情发生！她认为这主要来源于父亲的那一句话。

如果让奥普拉写下她的"重要他人"，她的父亲一定是首当其冲。他不但给予了奥普拉生命，而且给予了她灵魂。奥普拉的母亲也算一个。她以精神暴力践踏了幼小的奥普拉对书籍的热爱，潜藏的愤怒在蛰伏多年之后变成了不竭的动力，使成年以后的奥普拉以极大的热情投入到和书籍有关的创造性劳动之中，不但自己读了大量的书，还不遗余力地把好书推荐给更多的人。那个侮辱侵犯了奥普拉的表兄，也要算作她的"重要他人"，这直接导致了奥普拉的巨大痛苦和放任自流，也在很多年后，主导了奥普拉执掌财富之后，把大量的款项用于慈善事业，特别是援助儿童和非洲裔少女。

看，"重要他人"就是如此影响生活和命运。

美国通用电气公司的 CEO 杰克·韦尔奇，被誉为全球第一 CEO。在短短二十年里，韦尔奇使通用电气的市值增加了三十多倍，达到了四千五百亿美元，排名从世界第十位升到了第二位。韦尔奇说，母亲给他的最伟大的礼物就是自信心。韦尔奇从小就口吃，就是平常所说的"结巴"。在大学读书的时候，每逢星期五，在学校的餐厅里，韦尔奇经常会点一份烤面包夹金枪鱼。奇怪的是，女服务员端上来的都是两份。为什么呢？因为韦尔奇结巴，总是把这份食谱的第一个单词重复一遍，服务员就听成了"两份金枪鱼"。

面对这样一个吭吭哧哧的孩子，韦尔奇的母亲居然找出了完美的理由。她对幼小的韦尔奇说："这是因为你太聪明了，没有任何一个人的舌头，可以跟得上你这样聪明的脑袋。"

韦尔奇记住了母亲的这种说法，从未对自己的口吃有过丝毫的忧虑。他充分相信母亲的话，他的大脑比他的舌头转得更快。母亲引导着韦尔奇不断进取，直到他抵达辉煌的顶峰。母亲是韦尔奇的"重要他人"。

再讲一个苹果的故事。正确地说，是两个苹果的故事。一位妈妈有两个孩子，拿出两个苹果。苹果一个大一个小，妈妈让两个孩子自己来挑，大儿子很想要那个大苹果，正想着怎么说才能得到这个苹果，弟弟先开了口，说，我想要大苹果。妈妈呵斥道，你想要大的苹果，你不能说。这个大儿子灵机一动，改口说，我要这个小苹果，大苹果就给弟弟吧。妈妈说，这才是好孩子。于是，妈妈就把小苹果给了小儿子，大儿子反倒得到了又红又大的苹果。大儿子从妈妈这里得到了一条人生的经验：你心里的真心话不可以说，你要把真实想法掩藏起来。后来，这个大儿子就把从苹果中得到的经验应用于自己的生活，见人只说三分话，要阴谋使诡计，巧取豪夺，直到有一天把自己送进了监狱。这位成了犯人的大儿子，如果写下自己的"重要他人"，我想他会写下妈妈和这个红苹果。

还有一位妈妈，有三个苹果和三个孩子，每个孩子都想得到大苹果。妈妈把苹果拿到手里，说，最大的苹果只有一个，你们兄弟这么多，给谁呢？我把门前的草坪划成了三块，你们每人去修剪一块草坪。谁修剪得又快又好，谁就能得到这个大苹果。

众兄弟中的老大得到了大苹果。他从中悟出的生活哲理是：享受要靠辛勤的劳动换取。这个信念指导着他，直到他最后走进了白宫，成为著名的政治家。如果由他来写下自己的"重要他人"，妈妈和大苹果也会赫然在目。

看了以上的例子，你是不是对"重要他人"的重要性有了进一步的认识？也许有的人会说，我儿时的记忆早已模糊，可不记得什么他人不他人的了。我现在的所作所为，都是我自己决定的，和其他人没关系。

这个说法有一定的道理，在我们的意识中，很多决定的确是经过仔细思考才做出的。但人是感情动物，情绪常常主导着我们的决定。而情绪是怎样产生的呢？这也和我们与"重要他人"的关系密切相关。

有一位著名的心理学家叫艾利斯，他认为，人的非理性信念会直接影响一个人的情绪，使他遭受困扰，导致他的很多痛苦。比如，有的人绝对需要获得周围环境的认可，特别是获得每一位"重要他人"的喜爱和赞许，其实这是不可能实现的事。有人就是笃信这个观念，把它奉作真理，千辛万苦，甚至委屈自己来取悦"重要他人"，以后还会扩展到取悦更多的人，甚至所有的人，以得其赞赏。结果呢，达不到目的不说，还令自己沮丧、失望、受挫和被伤害。

传统脑神经学认为，每一种情绪都是经过大脑的分析才做出反应，但近年来，美国的神经科学家却找到了情绪神经传输的栈道。通过深入的研究，科学家们发现，有部分原始的信号，会直接从人的丘脑运动中枢引起逃避或冲动的反应，其速度极快，大脑根本来不及介入分析。大脑里有一处记忆情绪经验的地方，叫作杏仁核，它将我们过去遇见事情时的情绪、反应记录下来，好像一个忠实的档案保管员。在以后的岁月中，只要一发生类似事件，杏仁核就会越过大脑的理性分析，直接做出反应。

真是"成也萧何，败也萧何"。杏仁核这支快速反应部队，既帮助我们在危急时刻成功地缩短应对时间，保全我们的利益，也会在某些时候形成固定的模式，贻误我们的大事。

杏仁核里储存关于情绪应对的档案资料，不是一时一刻存入的。"重要他人"为什么会对我们产生那么重要的影响，我猜想关于"重要他人"的记忆，是杏仁核档案馆里使用最频繁的卷宗。往事如同拍摄过的底片，储存在暗室，一有适当的药液浸泡，它们就清晰地显影，如同刚刚发生一般，历历在目，相应的对策不经大脑筛选已经完成。

魔法可以被解除。那时你还小，你受了伤，那不是你的错。但你的伤口至今还在流血，你却要自己想法包扎。如果它还像下水道的出口一样嗖嗖地冒着污浊的气味，还继续强烈影响你的今天、明天，那是因为你仍在听之任之。童年的记忆无法改写，但对一个成年人来说，却可以循着"重要他人"这条缆绳，重新梳理我们和"重要他人"的关系，重新审视我们的规则和模式。如果它是合理的，就变成金色的风帆，成为理智的一部分。如果它是晦暗的荆棘，就用成年人有力的双手把它粉碎。这个过程不是一蹴而就的，有时自己去完成力不从心，或是吃力和痛苦，还需要借助专业人士的帮助，比如求助于心理咨询师。

也许有人会说，"重要他人"对我的影响是正面的，正因为心中有了他们的身影和鞭策，我才取得了今天的成绩。这个游戏，并不是要把"重要他人"像拔萝卜一样连根拔出，然后与之决裂。对我们有正面激励作用的"重要他人"，已经成为我们精神结构的一部分，他们的期望和教诲已融入我们的血脉，我们永远不会丢弃对他们的信任和爱。但我们不是活在"重要他人"的目光中，而是活在自己的努力中。无论那些经验和历史多么宝贵，对于我们来说，已是如烟往事。我们是为了自己而活着，并为自己负起全责。

经过处理的惨痛往事，已丧失实际意义上的控制魔力。长辫子老师那句"你不要发出声音"的指令，对今天的我来说，早已没有辖制之功。

就是在最饱含爱意的环境中长大的孩子，也会存有心理的创伤。

寻找我们的"重要他人"，就是抚平这创伤的温暖之手。

当我把这一切想清楚之后，好像有热风从脚底升起，我能清楚地感受到长久以来禁锢在我咽喉处的冰霜噼噼啪啪地裂开了，一个轻松畅快的我，从符咒之下解放了出来。从那一天开始，我可以唱歌了，也可以面对众人讲话而不胆战心惊了。

从那一天开始，我宽恕了我的长辫子老师，并把这段经历讲给其他老师听，希望他们面对孩子稚弱的心灵，谨言慎行。童年时被烙印下的负面情感，是难以简单地用时间的橡皮轻易地擦去的。这就是心理治疗的必要性所在。和谐的人格不是从天上掉下来的，而是和深刻的内省有关。

告诉缺水的人哪里有水源，告诉寒冷的人哪里有篝火，告诉生病的人哪里有药草，告诉饥饿的人哪里有野果，这些都是天下最好的礼物。

如果让我选出自己最喜欢的心灵游戏，我很可能要把票投给"谁是你的重要他人"。感谢这个游戏，它在某种程度上改变了我的人生。人的创造和毁灭都是由自己完成的，人永远是自己的主人。即使当他在最虚弱最孤独的时候，他也是自己的主人。当他开始反省自己的状况，开始辛勤地寻找自己的生命所依据的法则时，他就变得渐渐平静而快乐了。

# 谁是你的支持系统

你选择怎样的支持系统，在某种程度上，也就表明了你是怎样的一个人，你选择了怎样的生活方式。

准备好纸和笔，我们来玩一个叫"你的支持系统"的游戏。当然，这是从我这个角度来说的，落在你的纸上的名称应该是"我的支持系统"。

也许有人会说，"你"和"我"，有很大的不同吗？是的，有很显著的不同。不信你留心一下，在现实生活中，很多人在说到自己的时候，不是说"我如何看……""我怎样认为……"，而是说"你说这事……""你看是不是这样……"，他们用"你"代替了"我"，也就部分取消了自己的立场和态度。当我们说到"你"的时候，无论关系多么紧密，那依然是另一个个体，说到"我"的时候，就不一样了。"我"是唯一的，是你所有生理和心理状态的整合。是你的思想、你的历史、你的理想和你的过去汇聚起来的复合物，即使你逃到天涯海角，也躲不开你的这个"我"的附着。

写好之后，也许你会说，"支持"好懂，但怎么成了系统？

支持必须是一个立体的系统，而不是简单的平面。

俗话说，"一个好汉三个帮，一个篱笆三根桩"，为什么不说是一个好汉一个帮，一个篱笆一根桩呢？独木不成林。好汉都要三个帮，我等就需要更多的帮助了，这就非要成系统。

游戏很简单，题目写好后，就在下面1、2、3、4……地写下标号，具体写多少随你，可以只写下三五个，也可以一口气写下十个，甚至更多。

完成后，请设想，当你遇到灾难或无以名状的忧郁、危机之际，你将和谁倾心交谈？你会向谁发出呼救？你能得到谁的帮助？

人们每每惊叹斜拉桥的坚固和壮丽。它不像石拱桥那样古朴敦实，也不像钢架桥那样呆板简陋。斜拉桥优雅纤巧的绳索，如同飞天反弹的丝弦，飘逸清俊，似乎柔弱到随风飘荡，其实内蕴强大的力量，屹立雨雪，抵御风暴，以团结和集体的力量，拉住阔大的桥面。

支持系统犹如斜拉桥的绳索，孤立来看，每一根都貌不惊人，一旦按照科学规律排列组合，就有了惊天动地的合力，保障着车水马龙的安全。

你的支持系统就是你的斜拉桥。写完后，请细细端详，归纳整理。先看看谁是患难之交，谁是酒肉朋友，再看看性别比例是不是均衡。

好的支持系统是岁月的馈赠，它包含着沧桑和真情。要知道，选择一条喜爱的人生路线比较容易，创造一个由知心朋友构成的称心的生活圈子却很困难。

对很多朋友的名字，下笔都有点生疏了……

## 我的支持系统

如果你的支持系统下，都是男性或都是女性，就有些问题。两性看问题的角度不同，这是特点也是缺点。好比一扇窗户，开在南墙和开在北墙，光线进入的时间不同，被照亮的部分和阴影的覆盖也会有所不同。有人会说，我的支持系统下都是清一色的性别，这样比较单纯，我也习惯了。很可能你还没有学会和异性成为真正意义上的朋友，关系不是太近就是太远。

再看看有没有年龄上的跨度。好的支持系统，年龄恰像春雨，均匀地覆盖在青年、成年、老年各块土地上。人生阅历不同，各个年龄段的人，有着不同的经验和感悟。有人说，我就是喜欢和同龄人打交道。其实朋友的年龄就像食物的种类，杂食最佳。我看过一本谈营养的书，说是每天进食的品种，最少要达到十八种。乍一想，这还不简单，我不挑食，种类肯定够了。不想，扳着手指头认真一算，面粉、豆腐、青菜、虾皮、小米……怎么也不够十八种。最后我只得把炝锅用的花椒都算上了，才勉强凑够。人的支持系统成分也要丰富多彩才好。

年龄肯定不是朋友质量的唯一标准，你如果只交一个朋友，那么他的年龄就不是一个问题。现在谈的是一个系统，是一组人而不是一个人。年龄是宝贵的财富，也是羁绊的桎梏。为了使你的支持系统更有效和坚实，跨度是必要的。

检查一下系统成分。你可能要说，人际关系也不是化学药品，干吗还要管什么成分？既然是系统，当然成分不能太单一。系统里是否都是你的亲人？如果是，先要恭喜你，你的亲人和你站在一起，与你保持着高度的信任和友谊，可喜可贺。提醒你，如果这个系统里的绝大多数成员都是你的至爱亲朋，那么也潜伏着非同小可的危险。日常所遭遇的危机，有很大一部分，是和我们的亲人有关。尤其是感情上的纠葛，更是牵一发而动全身。比如经济破产，你焦头烂额，他们也水深火热。特别是当爱情或婚姻走入沼泽，你的亲人很可能就是当事人，你不能与虎谋皮。总之，成分要多种多样才好。

你的支持系统中要容纳能给你提出不同意见的人，那些话虽然可能忠言逆耳，却对你的心理建设大有裨益。

你的支持系统要有一定的绝缘性。你有事业上的朋友，也要有生活上的朋友、情感上的朋友……就像我们有不同厚度的衣物，阴晴冷暖，适时加减。朔风扑面，穿呢绒和皮革；烈日高悬，穿丝绸和棉 T 恤。东北菜有一道"乱炖"，土豆、辣椒、扁豆、茄子等各种蔬菜混在一起熬炖，是出名的地方风味，但在交友之道和维护你的支持系统方面，"乱炖"之法，却非良策。

让你的支持系统始终保持在良好的状态中，朋友间不要有太多的横向联系。这并非要离间你和朋友们的关系，而是从系统的最佳状态着眼。斜拉桥的每一根绳索都独立存在，而不是相互缠绕，以免一荣皆荣，一损皆损。有的人常常热衷于我的朋友就是你的朋友，普天之下皆为朋友。这种泛朋友论，即便不是酒肉朋友，也和没朋友差不多，关键时刻就无法成为你的钢索。

常听有人抱怨，如今真情罕见，平日里蜜里调油的朋友，危难时刻，踪影皆无，叹息人心难测。这样的人，他们原本就不算是你的支持系统，不过是某些情形之下的邂逅与偶遇，可以一起吃饭，却不可一起赴难。高标准地要求他们，就是不谙世事。

一位女士，原来有很多朋友，我也忝列其中。后来她结了婚，关系就渐淡淡远了。若干年后，她突然找到我，说自己离了婚，一个朋友也没有，真心话也不知和谁说，孤苦无依，忧郁极了。我赶紧放下手中诸事，和她在一家茶馆见面。她泪水涟涟，说特别想和当年的朋友们聚聚。我说这没什么难的，我来召集。她怯怯地说，这些年一点来往也没有，把大家都冷落了。离婚前，我们家总是高朋满座，一到节假日，我采买、做饭，忙得不可开交。离婚后，我打开电话本，一看傻了眼。平日所交，都是我前夫的朋友。我以为他的朋友就是我的朋友，现在才晓得，朋友是有阵营的。失去婚姻的同时，我也失却了所有的朋友。我疏忽了自己的朋友，如今落得孤家寡人。鼓足了勇气和你联系，谢谢你没有因为这些年的疏远而生我的气……

后来那位女士重新建立起了自己的支持系统，我也由此得了一条经验，支持系统是我们的隐私，是情感这间楼最隐蔽和强有力的支撑结构，万不可掉以轻心。

艰难和喜悦，都需要有人来分享，这是一种心理诉求。你不可抗拒，只能因势利导。从本质上讲，人是孤独的动物，他人的温暖和帮助，是心理维生素。任何对支持系统的轻慢，即便不说是愚蠢，也是无知和疏漏。我曾听一位孤寂男士感慨万分地说，他最大的痛苦并不是在凄惶之时无人诉说，而是在快乐之际无人举杯同贺，锦衣夜行，好不寂寞！

如果你想有一方避风港湾，就要建立自己的支持系统。如果你想在伤痕累累的时候，有一处疗伤的山谷，就要建立自己的支持系统。如果你不想虚度自己的人生，让快乐相乘，让哀伤除减，那么，建设你的支持系统吧！它不仅是你心理上依傍的钢索，也是你存在的根据和依恋人生的重要理由。

　　也许有人会说，这是不是太功利了？我喜欢顺其自然的友谊，不喜欢刻意求工的设计。历史上当然不乏高山流水的友谊，但那毕竟是可遇而不可求的佳话。作为普通人，要让自己的生活更丰富多彩，要让自己在突然的挫折和厄运面前，比较从容，比较镇定，流的血少一些，康复得快一些，只有靠自己未雨绸缪去建设。晴朗的日子，辛勤地采来花粉，酿成蜜糖，才能在没有花开的日子里，依然有香甜可以回味。

　　内无自主的人格支持，外无良好的沟通方式，这是很多现代人的生存困境。正因为我们平凡，才要有更多的精神储备，去迎接可能的变故。平日不烧香、临时抱佛脚的态度，才是实用和功利的，才是对自己灵魂的轻慢。

　　好的支持系统，人数不可太多，动辄数十人的庞大队伍，实在是我们的精力所照料不及的。有人会说，朋友嘛，当然是越多越好，多一个朋友多一条路。朋友和支持系统并不完全是一个概念，虽然它们在相当多的场合重叠。朋友的圈子更宽泛，而只有那些最稳定最贴切的朋友，才能进入我们的支持系统。

这些年来，朋友这个词，用得滥了。朋友可能是因为利益关系而结成的伙伴，当利益淡去的时候，朋友也许会消失，但支持系统仍要存在。支持系统关怀的是你这个人，而不是单纯的利益。即使有一天，你的实用价值烟消云散了，系统也和你在一起。

支持系统需要不断地培育和濡养，补充和清洗，润滑和淘汰，养护和更新。在支持系统上，要舍得下工夫，一如你要经常健身。如果你把支持系统当成"永动机"，那就大错特错了。即便面对父母和儿女，如果你没有和他们持之以恒地交流互动，危机来临的时候，他们也很难在第一时间明白你的困苦和需求，给予恰如其分的支援。

面对你的支持系统的名单，想想看，你已经多长时间没有和他们促膝谈心了？你已经多长时间没有向他们细细通报你的想法和变化了？你已经多长时间没有和他们一道喝茶和共进晚餐了？你已经多长时间没有和他们一道凝望星空疾走原野了？

有人会说，我被生计挤压得喘不过气来，哪有闲情逸致做这些事情？如果你真的忘记了自己的支持系统，那么也就不要责怪当你需要支持的时候，得到的却是无关痛痒的同情或不着边际的指教。你在平坦的路上忘记系上安全带，急刹车时，难免碰得头破血流。

支持基本上是双向的。无条件地求助别人的心理支撑，就如同乞丐的讨要，并不总能如愿。从某种程度上来说，无偿索取是一种讨巧和冒险。

支持系统的名单太长，就要删繁就简。禾苗过密的田地需要间苗。心是有限的舞台，那里不可能摆放太多的座位。如果支持系统名单太短，就要酌情增加。古人虽言，人生得一知己足矣，但还是兵多将广为好。

曾远远瞄到一位朋友所列的支持系统名单，只有三个字。原以为是他的恋人或是父母的名字，不想细细看来，那三个字竟是："大自然"。看我愣着，他略有挑战地问道，怎么，不行吗？一定要是人吗？当我苦闷的时候，我只有沉浸到大自然当中，才能感到一种包容和理解。只有那种物我两忘的安宁，才能让我渐渐平静下来，重返花花世界。

我说，谁也没说支持系统必然得是人，但你的系统里没有人，是不是也显奇特？它是否表明，人是不可以信任的？只有在默默无言的山水和绿叶之中，你的心灵才能放松，受伤的刀口才能缓缓愈合？

他说，正是。我说，到大自然当中去，当然是获取心理能量的好方法之一，所以古代才多隐士和独行侠。这张名单太过单一和清冷，你执意坚持，当然也是自由。不过，如果你是一个热爱大自然的人，你可以看到大自然是多么博大和慈爱啊。无论是大树还是小草，都在它的怀抱里得到哺育，它使万物茁壮成长，它不悲观，不放弃，不厚此薄彼，不居功自傲……

你选择怎样的支持系统，在某种程度上，也就表明了你是怎样的一个人，你选择了怎样的生活方式。你很难设想，一个纸醉金迷的纨绔子弟，会有一个固若金汤、明智清醒的支持系统。你也很难设想一个运筹帷幄、举重若轻的先哲，会有一个鸡飞狗跳、朝三暮四的支持系统。

几年后，我又看到了那位挚爱大自然的朋友，他笑着告诉我，妻子和女儿都成了他的支持系统，还有他的同事。如今，除了在大自然里，就是在人群中，他也能得到启示和安宁。

我们的支持系统也会出现故障和断裂，也需更换和修补。天下没有不散的筵席，当有人离去的时候，你不要哀伤，也许他已不能担承你的臂膀。当你视某人为你的支持系统，他却辜负了你的信任时，也不要怨天尤人。支持必定是双方的付出和给予，一厢情愿的依傍，往往得不到有力的辅佐。

他人成为你的支持系统，你也是他人的支持系统，这不是一笔谋求公平的买卖，而是人与人之间淳朴友谊的法则。当你的朋友向你哭诉的时候，你切不要把这看成是倾倒心理垃圾。在那些看似琐碎的诉说里，潜藏着珍贵的秘密。我们之所以成为一个个不同的个体，从某种意义上说，正源自这些不同的经历。作为普通人，我们没有多少执掌国家大事的机会，也很少有气壮山河扭转乾坤的瞬间。无数的小事堆积成了一个个不同的日子，我们为之烦躁叹息的起因，有几次是因为远处的高山？绝大多数是因为鞋里微细的沙子。

在计算机核心部件每十八个月就升级一次的时代，那些同我们一起度过岁月的老友，是最宝贵的财富。美国前国务卿基辛格博士到天坛公园游览，我方自豪地向他介绍祈年殿、回音壁这些古老辉煌的建筑。基辛格说："天坛的建筑很美，我们可以学你们照样建一个，但这里美丽的古柏，我们就毫无办法得到了。"

真是名园易建，古木难求。老朋友也像古树，不可能在几年内长出来，却可以在几年之内死去。

森林需要漫长的时间来培育。如今科技发达了，听说能将老树搬家。树可以挪动了，友情却还是不可嫁接。最好的支持系统，是当你哭泣的时候，他会默默地递上纸巾，在你没有停止流泪的时候，他不会问你缘故。如果你不说，他会尊重你。如果你说下去，他不会打断你。

最好的支持系统，是你们也许天各一方久不相见，一旦重逢，马上拾起上次分别时中断的话题，潺潺流水般倾谈下去。这不是因为特别好的记忆，或是刻意的精心，只因为你在他心中独立成档，一看到你，杂事摒去，所有的储存都在瞬时展现。

最好的支持系统，是在你忘乎所以的时候，兜头泼下的一桶夹着冰碴的水，锥心刺骨的同时，猛一激灵就想起了自己的本分。

最好的支持系统，是在你万般愁苦的时候，陪你叹息，为你殚精竭虑思索出路的人。

最好的支持系统，是你在矛盾中，他不指责不批评，只是陪你一同走过沼泽。他相信你一定会理出头绪再下定夺，他的职责就是和你一道栉风沐雨。

最好的支持系统，是在你高兴的时候比你还要高兴，却不会吹捧和阿谀你的人。

最好的支持系统，是在你痛苦的时候比你还痛苦，却不会让你看到他眼泪的人，他怕那些眼泪会烫痛了你的手……

支持不是上山打狼，移山填海，靠质不靠量。成分太单一，应对不了大千世界。系统不可太陈旧，要有新鲜血液。支持系统不可像饴糖软绵绵，当如飒风荡涤寰宇，有澄清万物的气场深藏其中。

照料我们的支持系统，需要很多精力，不过它的回报，即使在最苛刻的经济学家那里，恐怕也觉物有所值。最后要提醒一点，你常常需要使用系统中一部分的能量来修补另一部分的缺失。这不仅仅是策略，也是对系统的尊重。

为你的支持系统画一张新的蓝图。蓝图当然还不是现实，但有了蓝图，就有了建设的希望。用一生的时间，编织你美丽的支持系统吧。在你积累物质财富的同时，也浇灌着你支持系统的田垄。在那些为了利益的觥筹交错之外，也有知心朋友间一盏香茗两杯咖啡的清谈。在你买下酒店公寓或别墅的日子，也为自己的篱笆桩绑一缕苎麻。

系统无言。

如果你在空中，

它是一朵蒲公英般的降落伞。

如果你在水中，

它是一艘堡垒般的潜水艇。

如果你在人间，

它是你心灵的风雨亭。

做完这个游戏，你是否感到了温暖？

瞧，朋友送的那只小熊在沙发上睡得正香……